农田水利工程
装配式预制混凝土矩形渠
设计图集

孙景路　张守杰　张滨　编著

中国水利水电出版社
www.waterpub.com.cn
·北京·

内 容 提 要

本图集是黑龙江省水利科学研究院加快科技成果的转化、提升技术创新能力的体现。结合水利部“948”计划项目“先进渠系建筑物制造关键技术引进”（201316）、水利部公益性行业科研专项“深季节冻土区工程冻土综合技术研究”（201001027）、国家“十二五”科技支撑计划项目“大型灌区节水技术与示范”（2012BAD08B05），在总结了国内外已有技术的基础上，依据国家现行的规程规范，对装配式预制混凝土矩形渠的质量标准、规格做了系统的研究，并给出了设计标准图，同时补充完善了防冻胀技术等最新成果。本图集共分整体式预制混凝土矩形渠、拼接式预制混凝土矩形渠等产品的标准图及防冻胀技术等措施图。

本图集可供水利系统各设计单位，从事农田水利建设的规划、管理、施工、预制混凝土制造企业使用，也可供水利大专院校师生参考。

图书在版编目（CIP）数据

农田水利工程装配式预制混凝土矩形渠设计图集 / 孙景路，张守杰，张滨编著. -- 北京 : 中国水利水电出版社，2017.6
ISBN 978-7-5170-5828-1

Ⅰ. ①农… Ⅱ. ①孙… ②张… ③张… Ⅲ. ①农田灌溉－装配式混凝土结构－预制结构－灌溉渠道－设计－图集 Ⅳ. ①S277-64

中国版本图书馆CIP数据核字(2017)第217314号

书　　名	**农田水利工程装配式预制混凝土矩形渠设计图集** NONGTIAN SHUILI GONGCHENG ZHUANGPEISHI YUZHI HUNNINGTU JUXINGQU SHEJI TUJI
作　　者	孙景路　张守杰　张滨　编著
出版发行	中国水利水电出版社 （北京市海淀区玉渊潭南路 1 号 D 座　100038） 网址：www. waterpub. com. cn E - mail：sales@waterpub. com. cn 电话：（010）68367658（营销中心）
经　　售	北京科水图书销售中心（零售） 电话：（010）88383994、63202643、68545874 全国各地新华书店和相关出版物销售网点
排　　版	中国水利水电出版社微机排版中心
印　　刷	三河市鑫金马印装有限公司
规　　格	420mm×297mm　横 8 开　12.5 印张　432 千字
版　　次	2017 年 6 月第 1 版　2017 年 6 月第 1 次印刷
印　　数	0001—1200 册
定　　价	**58.00** 元

前　言 QIANYAN

党的十八大对加快水利建设提出了明确的要求，习近平同志提出的“节水优先，空间均衡，系统治理，两手发力”的治水思路，为农田水利工程建设指出了发展方向。党中央及时作出经济发展进入新常态的重大判断，形成以新发展理念为指导，以供给侧结构性改革为主线的政策框架，作出“三去一降一补”战略部署，把加强基础设施薄弱环节、加强生态环境保护列入补短板的重点内容，把农业节水作为方向性、战略性大事来抓，纳入农业供给侧结构性改革的重要任务，加快完善国家农业节水政策支持体系、农业节水技术和产品标准体系、农业节水激励机制，大规模实施农业节水工程，着力开发一批种类齐全、系列配套、性能可靠的农业节水技术和产品，全面提高水土资源利用效率和效益。在诸多的节水灌溉技术中，渠道防渗与衬砌是技术可行、经济合理的措施之一。

黑龙江省水利科学研究院立足寒冷地区农田水利工程的建设，近几年来针对中小型渠道工程使用年限短、耐久性差、规格不统一等问题，通过消化吸收国外先进技术，开发研制了预制混凝土矩形渠系列产品，并在黑龙江、新疆、吉林等省（自治区）应用，取得了较好的效果，积累了丰富的经验，本图集就是根据现行的规程和规范，在总结经验的基础上编撰完成的，是从事农田水利工程、农业开发工程、土地整治工程设计、施工人员的实用参考用书。

感谢水利部“948”计划项目“先进渠系建筑物制造关键技术引进”(201316)、水利部公益性行业科研专项“深季节冻土区工程冻土综合技术研究”(201001027)、国家“十二五”科技支撑计划项目“大型灌区节水技术与示范”(2012BAD08B05)、黑龙江省季节冻土区工程冻土重点实验室出版资金等的资助，使本图集得以出版。

编者

2017年3月

目录 MULU

第1章

总说明

1　编制依据

1.1　本图集是根据黑龙江省水利科学研究院承担的水利部“948”计划项目“先进渠系建筑物制造关键技术引进”(201316)、国家“十二五”科技支撑计划项目“大型灌区节水技术与示范”(2012BAD08B05)及水利部公益性行业科研专项“深季节冻土区工程冻土综合技术研究”(201001027)等科研项目的成果编撰而成的。

1.2　引用标准

GB/T 30600《高标准农田建设通则》

GB/T 50288《灌溉与排水工程设计规范》

GB/T 50600《渠道防渗工程技术规范》

GB/T 50662《水工建筑物抗冰冻设计规范》

SL 191《水工混凝土结构设计规范》

SL 352《水工混凝土试验规程》

SL 654《水利水电工程合理使用年限及耐久性设计规范》

SL 677《水工混凝土施工规范》

Q/HXS 01-2017《农田灌排用预制混凝土矩形渠》

1.3　文件

《高标准农田建设总体规划》

《全国农业现代化规划(2016—2020年)》

《中共中央、国务院关于深入推进农业供给侧结构性改革加快培育农业农村发展新动能的若干意见》

《国务院办公厅关于大力发展装配式建筑的指导意见》

《“十三五”装配式建筑行动方案》

《水利改革发展“十三五”规划》

《节水型社会建设“十三五”规划》

《中型灌区节水配套改造“十三五”规划》

2　适用范围

本图集适用于农田灌溉渠道、排水渠道、公路排水沟、海绵城市建设、美丽乡村建设、水暖沟、电缆沟等工程设计阶段参考使用，在施工阶段部分内容可以指导施工。

3　图集的内容

本图集包括整体式预制混凝土矩形渠与盖板、拼接式预制混凝土矩形渠、预制混凝土四通、预制混凝土三通、预制混凝土弯头、预制混凝土变径、预制混凝土跌水与陡坡、预制混凝土节制闸、分水闸设计、典型灌排渠道断面图与防冻胀结构、构件连接与止水和预制混凝土矩形渠流量计算表。

4　设计计算

4.1　预制混凝土矩形渠道设计应包括下列内容。

(1)水力验算与规格选取；

(2)结构验算；

(3)防冻胀设计；

(4)连接设计。

4.2　水力验算与规格选取

预制矩形渠道的断面尺寸应通过水力计算确定，糙率可取0.013～0.015，过流能力应符合国家标准GB/T 50288《灌溉与排水工程设计规范》的规定。渠道的断面尺寸应满足下式要求：

$$Q=\omega \frac{1}{n}R^{2/3}i^{1/2}$$

式中　Q——渠道设计流量，m^3/s；

ω——过水断面面积，m^2；

n——渠道糙率；

R——渠道水力半径，m；

i——渠道比降。

也可根据附录选用本图集规定的产品。

4.3　结构验算

预制混凝土矩形渠应根据SL 191《水工混凝土结构设计规范》进行承载能力极限状态设计计算和抗裂验算。承载力安全系数K取1.9。

4.4　防冻胀设计

寒冷地区、严寒地区整体预制式矩形渠道应进行防冻胀设计。宜采用基础置换或保温结构。

置换的材料的要求见表1.1，材料中0.075mm以下颗粒含量不应大于5%，砾石中的砂含量不宜大于40%。置换垫层宜采用土工布包裹隔离。

表1.1　垫层材料与厚度

置换厚度/mm	150～200	150	100～150	80～100	50
材料	粗砾				细砾、粗砂
最大粒径/mm	50	50	30	20	5

注　砾石可用粒径比例相应的碎石与砂配制。

保温措施宜采用密度大于$20kg/m^3$的EPS板或XPS板，其质量应符合表1.2和表1.3的要求。

表1.2　模塑聚苯乙烯泡沫塑料板的性能指标及检验方法

项　目		性能指标					检验标准
表观密度/(kg/m^3)		≥20	≥30	≥40	≥50	≥60	GB/T 6343
压缩强度(相对变形10%)/kPa		100	150	200	300	400	GB/T 8813
导热系数/[W/(m·K)]		≤0.039					GB/T 10294
吸水率(体积)/%		≤4.5	≤2	≤2	≤2	≤2	GB/T 8810
300次冻融循环后	吸水率/%	3	3	3	3	2	GB/T 8810
	导热系数/[W/(m·K)]	≤0.042					GB/T 33011

表1.3　挤塑聚苯乙烯泡沫塑料板的性能指标及检验方法

项　目			性能指标										检验标准
			带表皮								不带表皮		
			X150	X200	X250	X300	X350	X400	X450	X500	W200	W300	
压缩强度/kPa			≥150	≥200	≥250	≥300	≥350	≥200	≥350	≥200	≥200	≥300	GB/T 8813
吸水率，浸水96h(体积分数)/%			≤1.5		≤1.0						≤2.0	≤1.5	GB/T 8810
绝热性能/[W/(m·K)]	导热系数平均温度	10℃	≤0.028					≤0.027			≤0.033	≤0.030	GB/T 10294
		25℃	≤0.030					≤0.029			≤0.035	≤0.032	
300次冻融循环后/[W/(m·K)]	吸水率/%		≤3.0										
	导热系数	10℃	≤0.030					≤0.029			≤0.035	≤0.032	GB/T 33011
		25℃	≤0.032					≤0.031			≤0.037	≤0.034	

4.5　连接设计

构件连接、止水处理、闸门槽、分水等见第11章中的构件连接与止水。

5　预制混凝土矩形渠质量要求

5.1　外观质量和规格尺寸和检验方法应符合表1.4的规定，构件尺寸偏差应符合表1.5。

表1.4　混凝土预制构件的外观质量和规格尺寸

序号	项目	检验方法	表　现	严重缺陷	一般缺陷
1	孔洞	目测	构件表面孔穴深度和长度均超过保护层厚度	主要受力部位有孔洞	其他部位有少量孔洞
2	蜂窝	目测，并用百格网量测	构件表面石子外漏	主筋部位有蜂窝	其他部位蜂窝面积不超过构件表面积的1%

续表

序号	项目	检验方法	表　现	严　重　缺　陷	一　般　缺　陷
3	裂缝	目测	缝隙从构件表面延伸至内部	主要受力部位有影响结构性或使用功能的裂缝	其他部位有少量不影响结构性或使用功能的裂缝
4	夹渣	目测	构件中夹有杂物且深度超过保护层厚度	主要受力部位有夹渣	其他部位有少量夹渣
5	疏松	目测	混凝土局部不密实	主要受力部位有疏松	其他部位有少量疏松
6	露筋	目测	构件内钢筋外露	主筋露筋	其他钢筋有少量露筋

表 1.5　　构 件 尺 寸 偏 差

序号	项目	检　验　方　法	测量工具分度值 /mm	允许偏差 /mm
1	公称宽度	钢卷尺（Ⅱ级）量测两端及中间三个部位	1	±5
2	下口净宽	钢卷尺（Ⅱ级）量测两端及中间三个部位	1	±5
3	公称深度	钢卷尺（Ⅱ级）量测两端及中间三个部位	1	±4
4	壁最小厚度	用卡尺或钢直尺量测	1	±3
5	壁最大厚度	用卡尺或钢直尺量测	1	±3
6	底厚	用卡尺或钢直尺量测	1	±3
7	底外宽	钢卷尺（Ⅱ级）量测两端及中间三个部位	1	±5
8	壁与底转角半径	钢卷尺（Ⅱ级）与量角器量测	1	±2
9	长度	钢卷尺（Ⅱ级）量测	1	±3

5.2　构件的弯曲强力应满足设计要求。弯曲强力的试验装置见图 1.1、图 1.2、图 1.3。

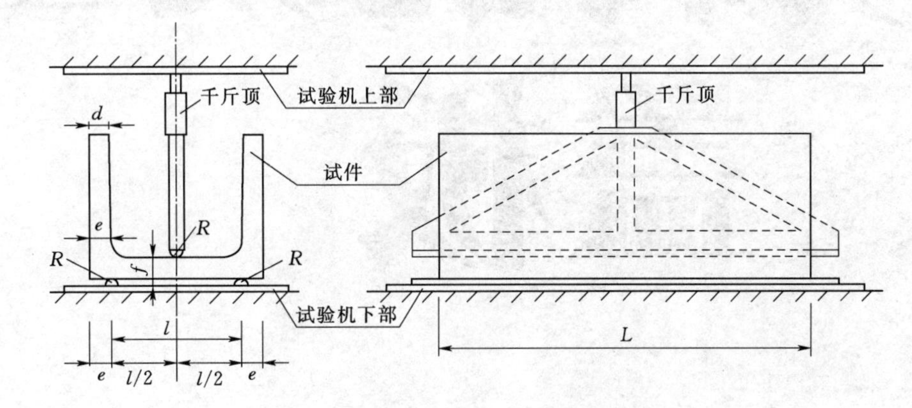

图 1.1　整体式预制混凝土矩形渠构件弯曲强力试验示意图

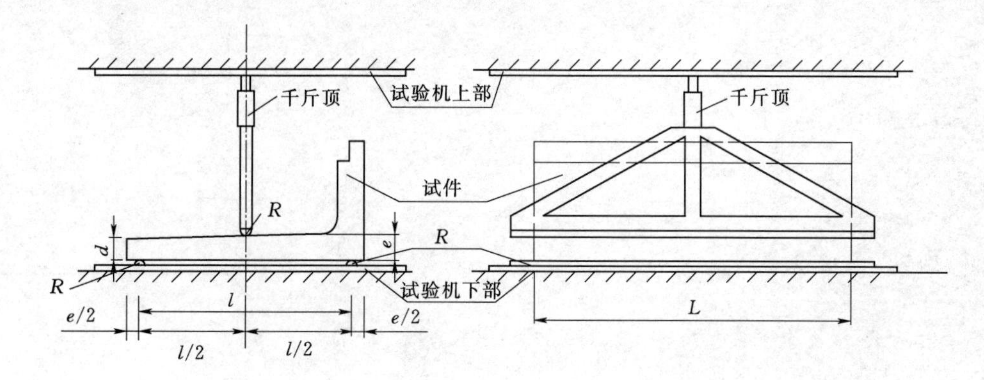

图 1.2　拼接式预制混凝土矩形渠 L 构件弯曲强力试验示意图

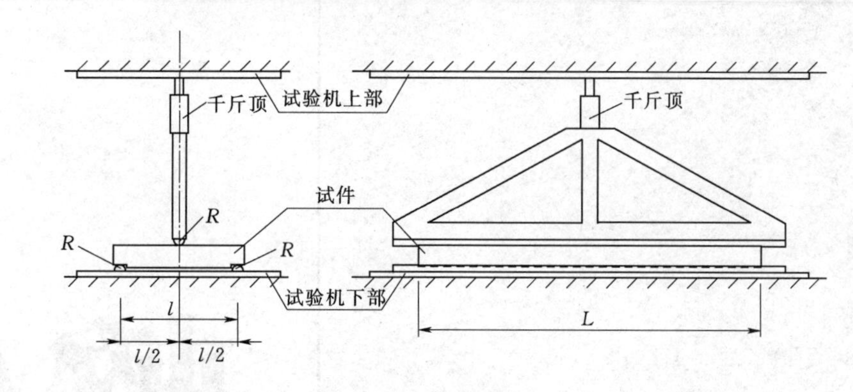

图 1.3　预制混凝土矩形渠盖板弯曲强力试验示意图

6　注意事项

本说明未尽事宜，按有关规范、标准、规程要求验算、复核后实施。

7　编制单位及人员

7.1　主编单位：黑龙江省水利科学研究院

7.2　参编单位：黑龙江省祥晟水利科技开发有限公司

7.3　编制人：孙景路　张守杰　张滨

第2章

整体式预制混凝土矩形渠、盖板

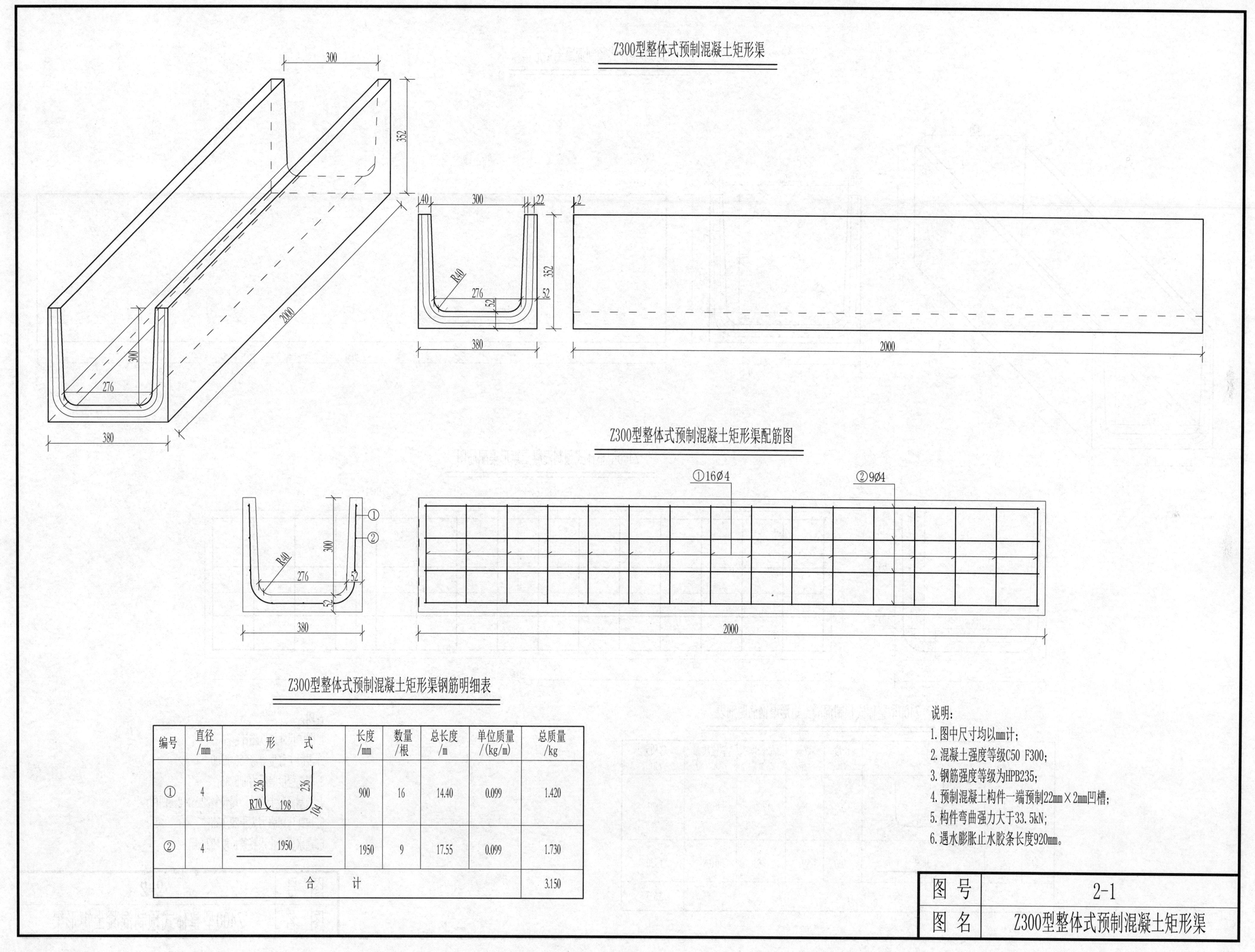

Z300型整体式预制混凝土矩形渠钢筋明细表

编号	直径/mm	形式	长度/mm	数量/根	总长度/m	单位质量/(kg/m)	总质量/kg
①	4	236 236 R70 198 104	900	16	14.40	0.099	1.420
②	4	1950	1950	9	17.55	0.099	1.730
合计							3.150

说明：

1. 图中尺寸均以mm计；
2. 混凝土强度等级C50 F300；
3. 钢筋强度等级为HPB235；
4. 预制混凝土构件一端预制22mm×2mm凹槽；
5. 构件弯曲强力大于33.5kN；
6. 遇水膨胀止水胶条长度920mm。

图号	2-1
图名	Z300型整体式预制混凝土矩形渠

Z400型整体式预制混凝土矩形渠

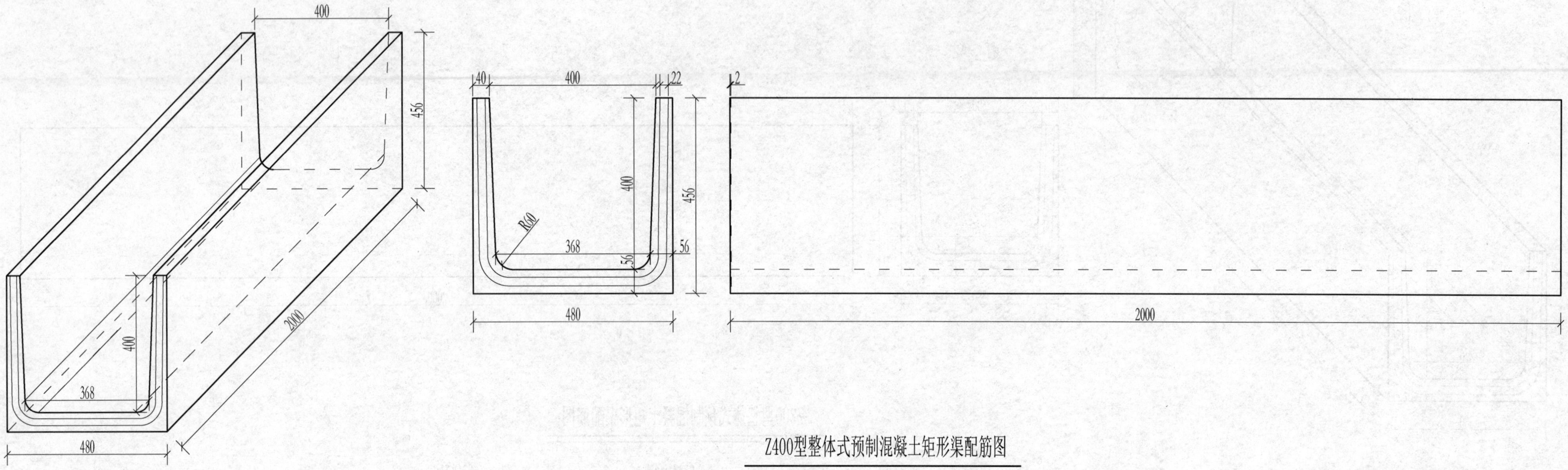

Z400型整体式预制混凝土矩形渠配筋图

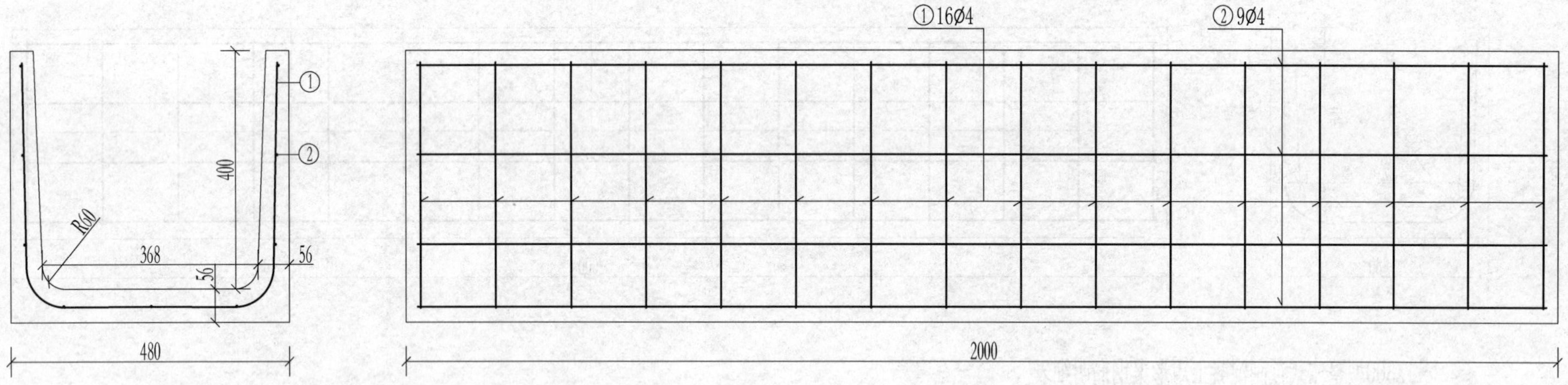

Z400型整体式预制混凝土矩形渠钢筋明细表

编号	直径/mm	形　式	长度/mm	数量/根	总长度/m	单位质量/(kg/m)	总质量/kg
①	4	344 344 R70 304 104	1200	16	19.20	0.099	1.893
②	4	1950	1950	9	17.55	0.099	1.730
合　计							3.623

说明：

1. 图中尺寸均以mm计；
2. 混凝土强度等级C50 F300；
3. 钢筋强度等级为HPB235；
4. 预制混凝土构件一端预制22mm×2mm凹槽；
5. 构件弯曲强力大于29.0kN；
6. 遇水膨胀止水胶条长度1220mm。

图 号	2-2
图 名	Z400型整体式预制混凝土矩形渠

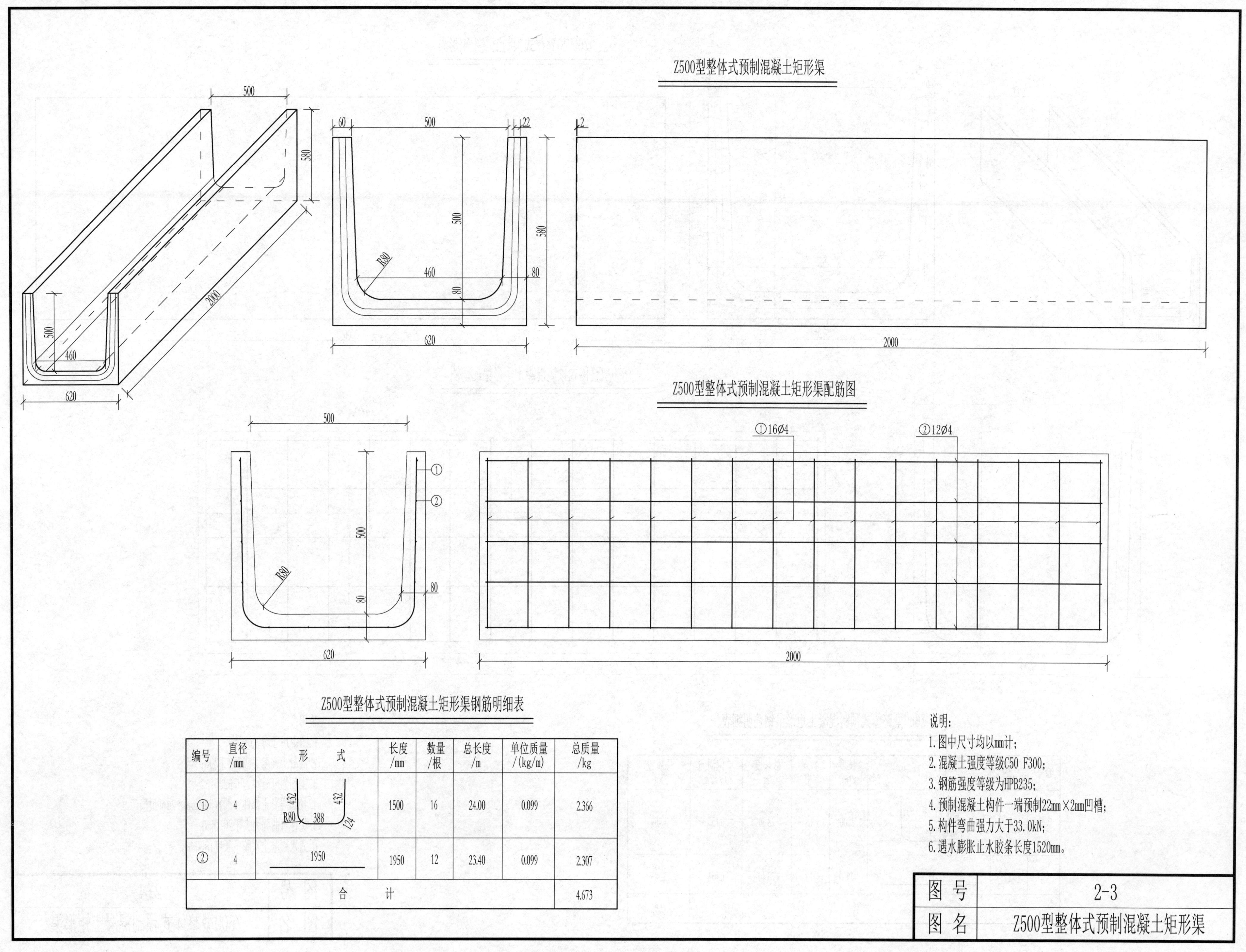

Z500型整体式预制混凝土矩形渠钢筋明细表

编号	直径/mm	形　式	长度/mm	数量/根	总长度/m	单位质量/(kg/m)	总质量/kg
①	4	432 432 R80 388 124	1500	16	24.00	0.099	2.366
②	4	1950	1950	12	23.40	0.099	2.307
		合　计					4.673

说明：
1. 图中尺寸均以mm计；
2. 混凝土强度等级C50 F300；
3. 钢筋强度等级为HPB235；
4. 预制混凝土构件一端预制22mm×2mm凹槽；
5. 构件弯曲强力大于33.0kN；
6. 遇水膨胀止水胶条长度1520mm。

图 号	2-3
图 名	Z500型整体式预制混凝土矩形渠

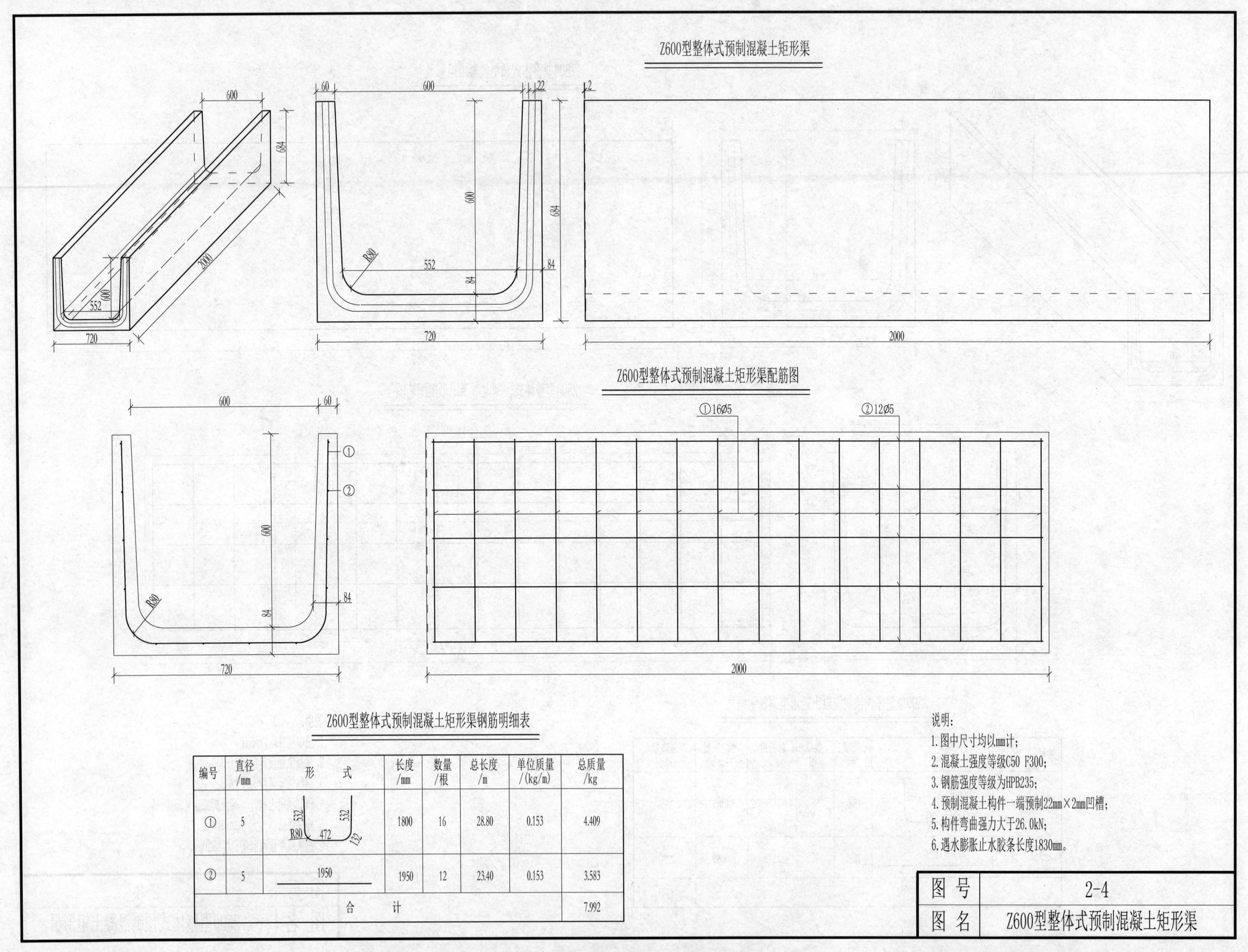

Z600型整体式预制混凝土矩形渠钢筋明细表

编号	直径 /mm	形　　式	长度 /mm	数量 /根	总长度 /m	单位质量 /(kg/m)	总质量 /kg
①	5	532 532 R80 472 132	1800	16	28.80	0.153	4.409
②	5	1950	1950	12	23.40	0.153	3.583
合　　计							7.992

说明：

1. 图中尺寸均以mm计；
2. 混凝土强度等级C50 F300；
3. 钢筋强度等级为HPB235；
4. 预制混凝土构件一端预制22mm×2mm凹槽；
5. 构件弯曲强力大于26.0kN；
6. 遇水膨胀止水胶条长度1830mm。

图号	2-4
图名	Z600型整体式预制混凝土矩形渠

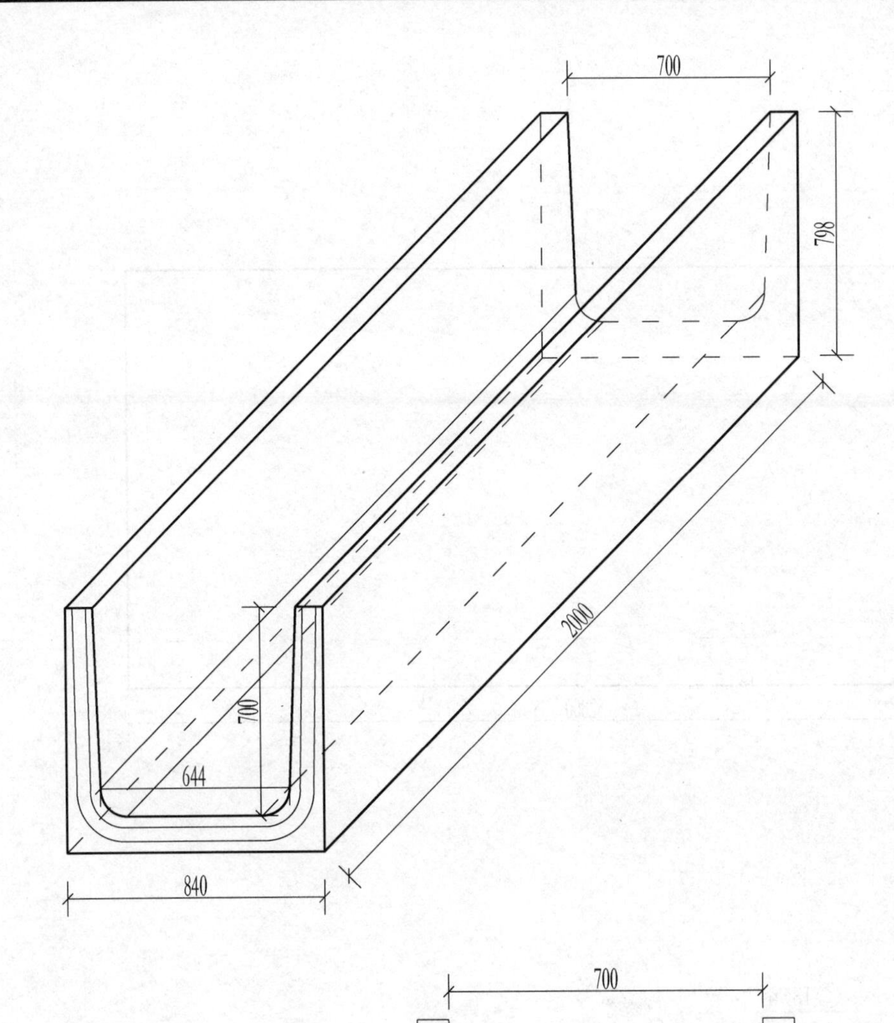

Z700型整体式预制混凝土矩形渠

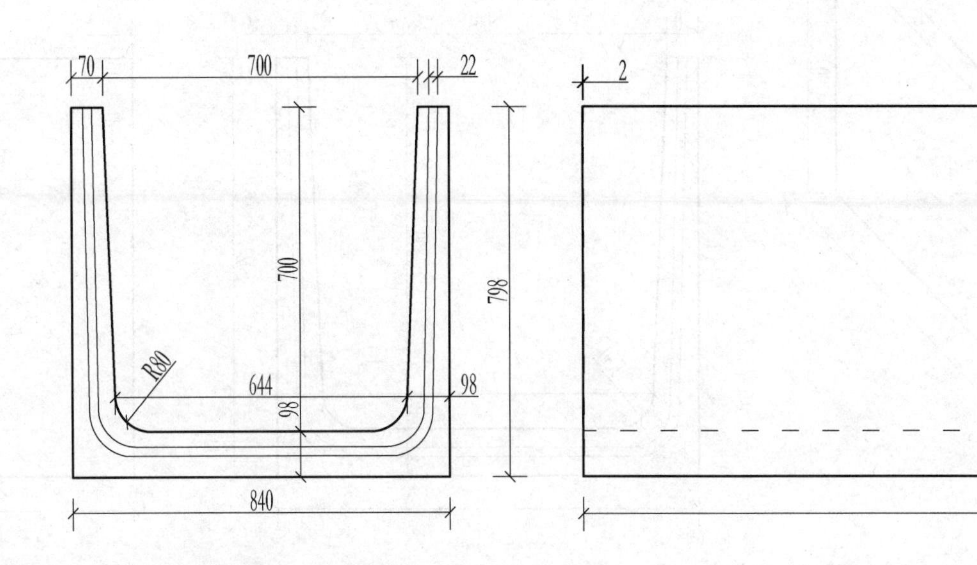

Z700型整体式预制混凝土矩形渠配筋图

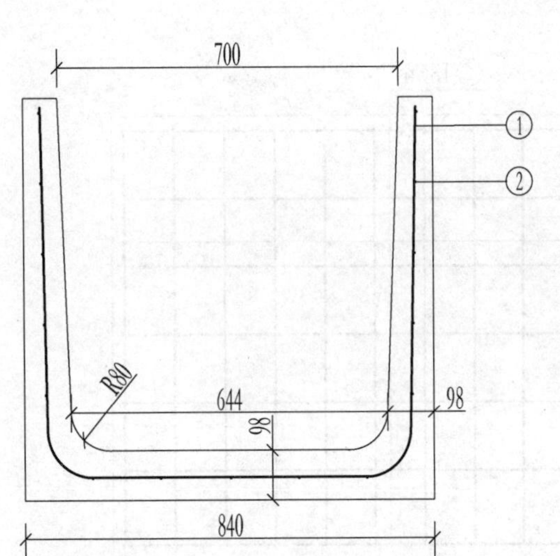

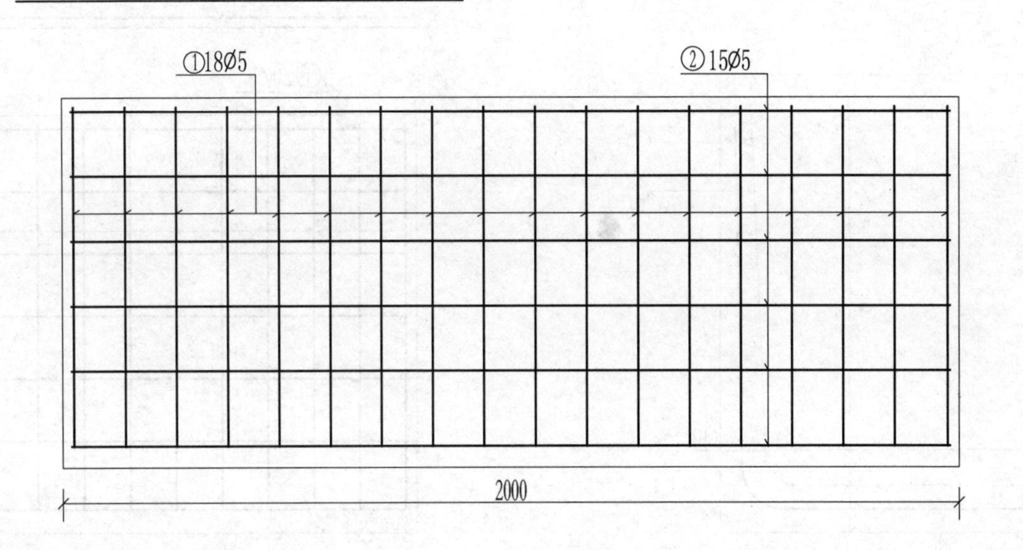

Z700型整体式预制混凝土矩形渠钢筋明细表

编号	直径/mm	形式	长度/mm	数量/根	总长度/m	单位质量/(kg/m)	总质量/kg
①	5	644 644 R80 548 132	2100	18	37.80	0.153	5.787
②	5	1950	1950	15	29.25	0.153	4.478
合计							10.265

说明：

1. 图中尺寸均以mm计；
2. 混凝土强度等级C50 F300；
3. 钢筋强度等级为HPB235；
4. 预制混凝土构件一端预制22mm×2mm凹槽；
5. 构件弯曲强力大于26.0kN；
6. 遇水膨胀止水胶条长度2130mm。

图号	2-5
图名	Z700型整体式预制混凝土矩形渠

Z800型整体式预制混凝土矩形渠

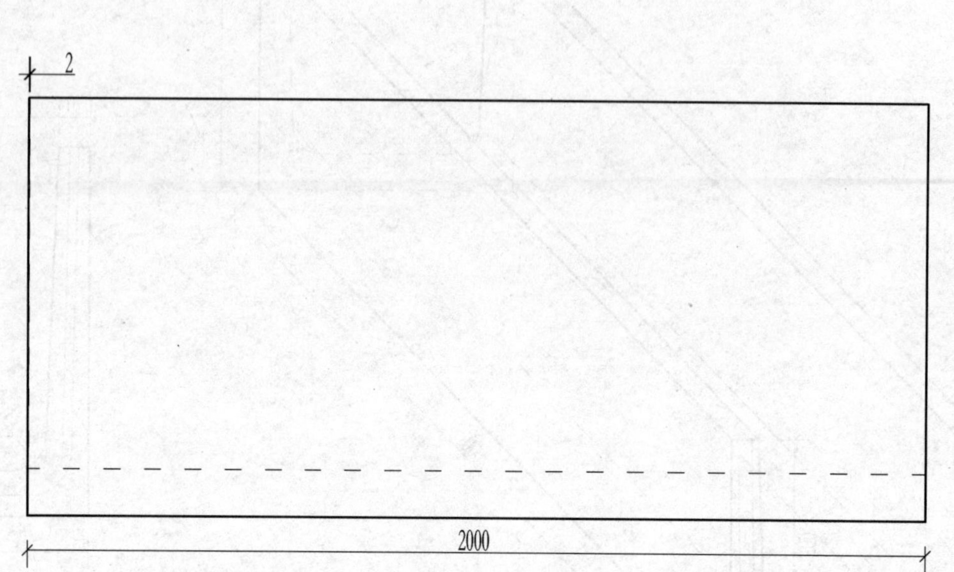

Z800型整体式预制混凝土矩形渠配筋图

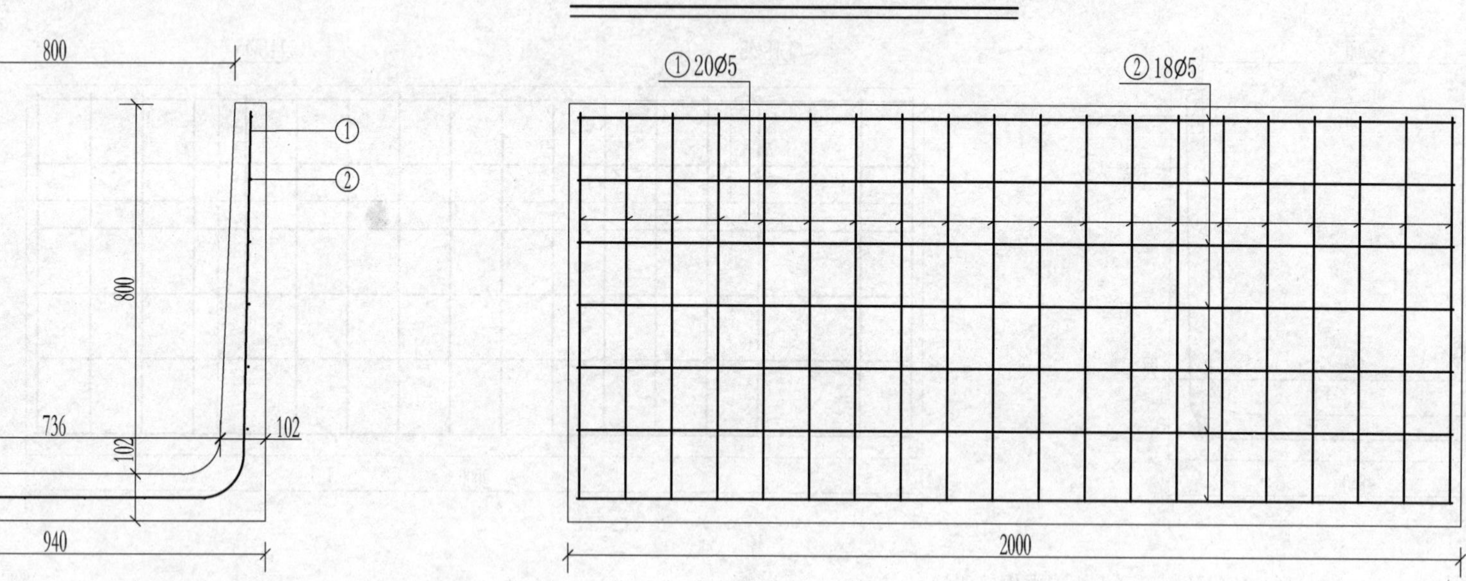

Z800型整体式预制混凝土矩形渠钢筋明细表

编号	直径/mm	形式	长度/mm	数量/根	总长度/m	单位质量/(kg/m)	总质量/kg
①	5	742 742 R80 652 132	2400	20	48.00	0.153	7.348
②	5	1950	1950	18	35.10	0.153	5.374
合计							12.722

说明：

1. 图中尺寸均以mm计；
2. 混凝土强度等级C50 F300；
3. 钢筋强度等级为HPB235；
4. 预制混凝土构件一端预制22mm×2mm凹槽；
5. 构件弯曲强力大于27.0kN；
6. 遇水膨胀止水胶条长度2440mm。

图号	2-6
图名	Z800型整体式预制混凝土矩形渠

Z1000型整体式预制混凝土矩形渠

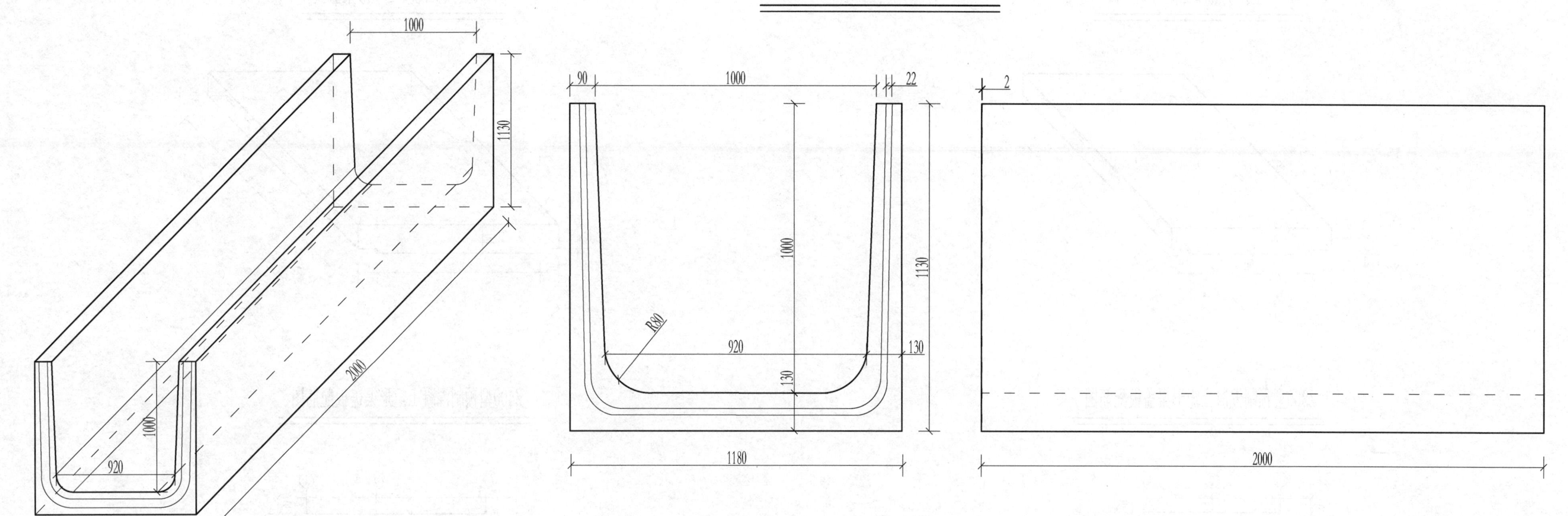

Z1000型整体式预制混凝土矩形渠配筋图

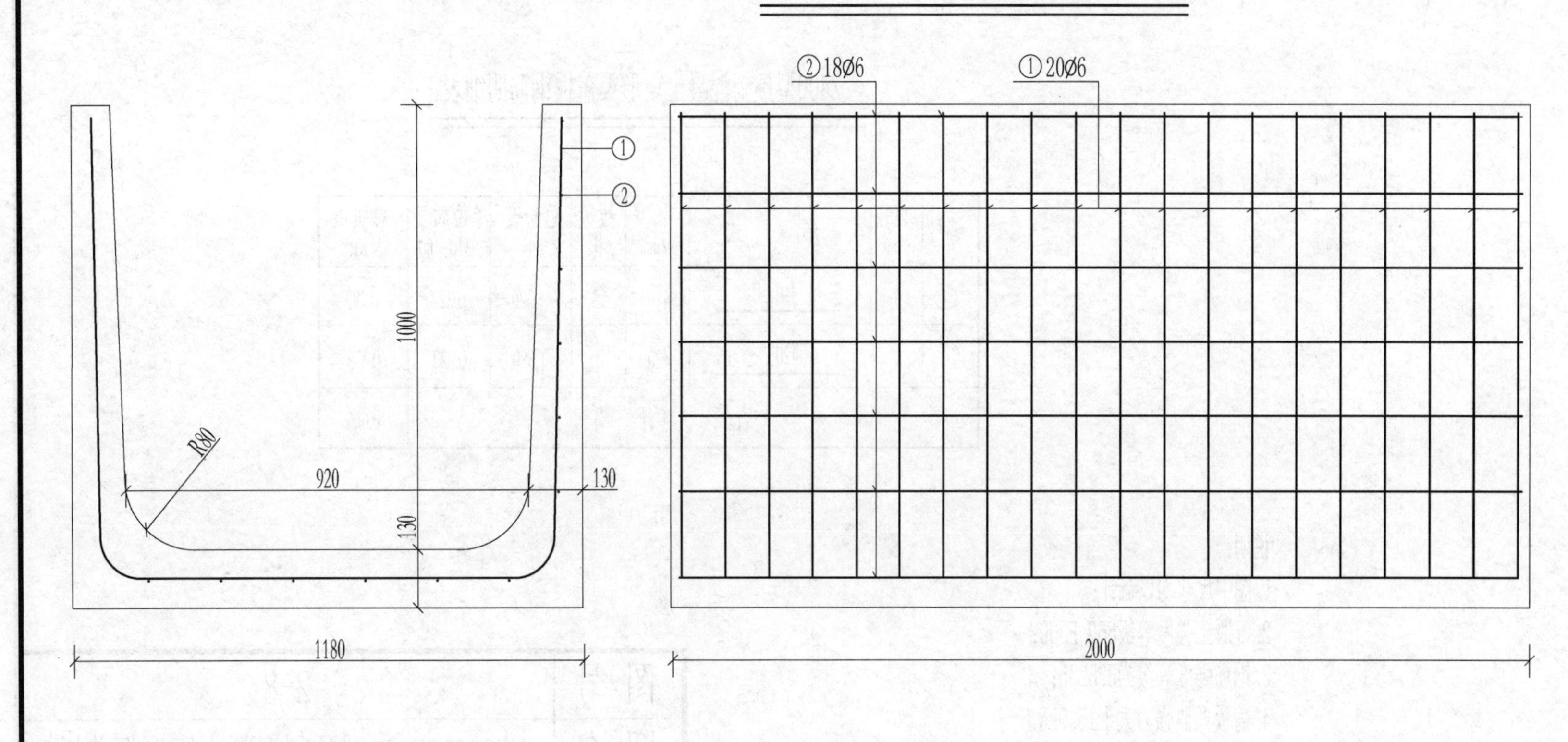

Z1000型整体式预制混凝土矩形渠钢筋明细表

编号	直径/mm	形　式	长度/mm	数量/根	总长度/m	单位质量/(kg/m)	总质量/kg
①	6	943 943 R80 850 132	3000	20	60.00	0.222	13.320
②	6	1950	1950	18	35.10	0.222	7.792
合　计							21.112

说明:

1. 图中尺寸均以mm计;
2. 混凝土强度等级C50 F300;
3. 钢筋强度等级为HPB235;
4. 预制混凝土构件一端预制22mm×2mm凹槽;
5. 构件弯曲强力大于37.5kN;
6. 遇水膨胀止水胶条长度3040mm。

图号	2-7
图名	Z1000型整体式预制混凝土矩形渠

Z300型预制混凝土矩形渠盖板

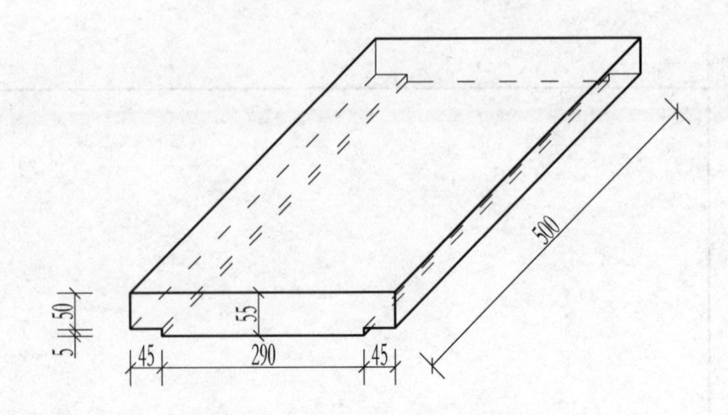

Z400型预制混凝土矩形渠盖板

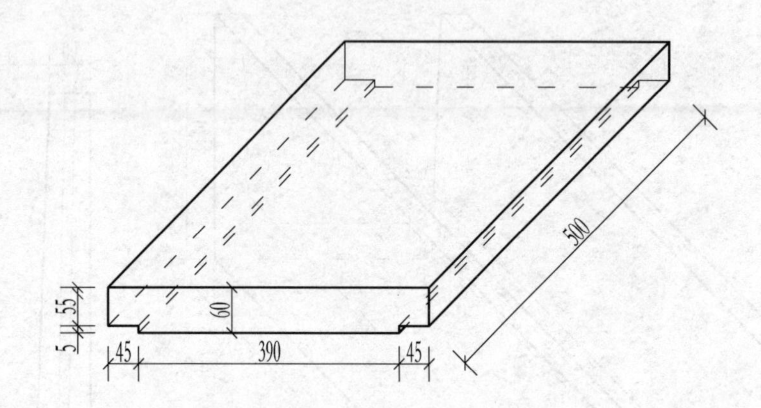

Z300型预制混凝土矩形渠盖板配筋图

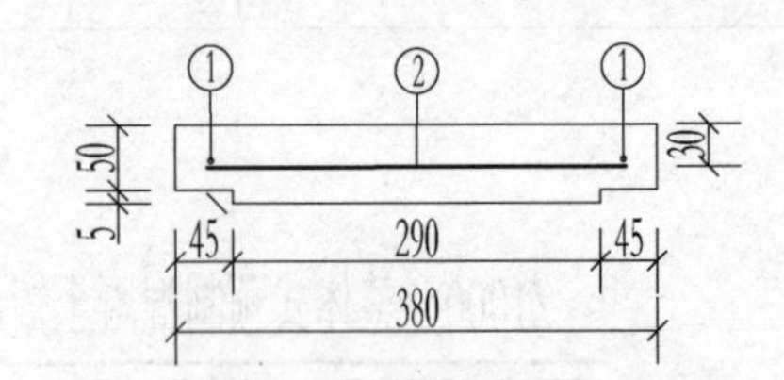

Z400型预制混凝土矩形渠盖板配筋图

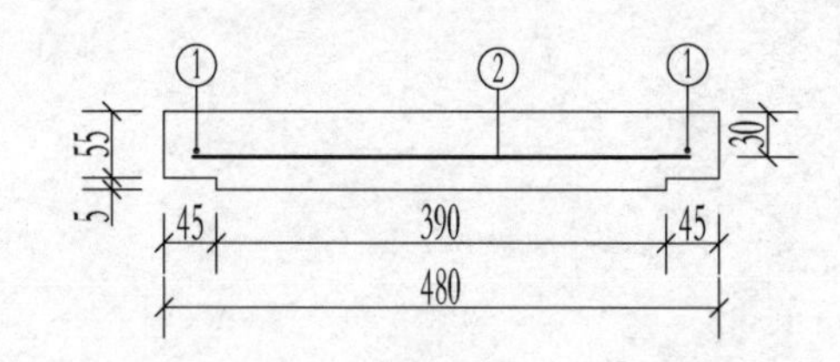

Z300型预制混凝土矩形渠盖板钢筋明细表

编号	直径/mm	形　式	长度/mm	数量/根	总长度/m	单位质量/(kg/m)	总质量/kg
①	6	440	440	3	1.320	0.222	0.293
②	6	320	320	4	1.280	0.222	0.284
合　计							0.577

Z400型预制混凝土矩形渠盖板钢筋明细表

编号	直径/mm	形　式	长度/mm	数量/根	总长度/m	单位质量/(kg/m)	总质量/kg
①	6	440	440	3	1.320	0.222	0.293
②	6	420	420	4	1.680	0.222	0.373
合　计							0.666

说明:
1. 图中尺寸均以mm计;
2. 混凝土强度等级C50 F300;
3. 钢筋强度等级为HPB235;
4. 盖板弯曲强力大于15.0kN。

图号	2-8
图名	Z300、Z400型预制混凝土矩形渠盖板

Z500型预制混凝土矩形渠盖板

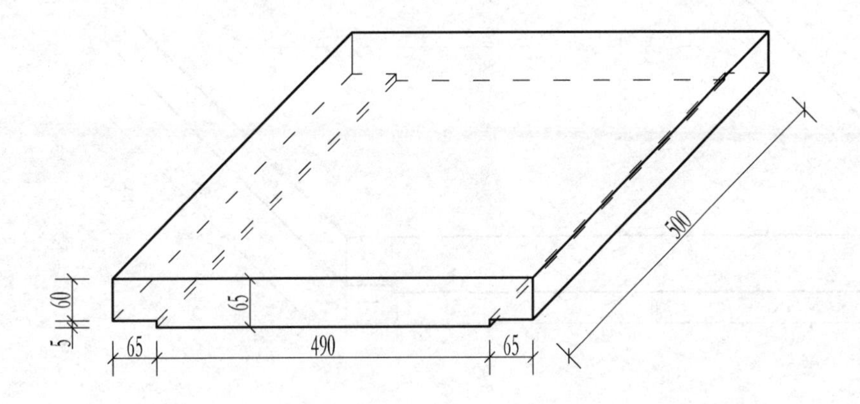

Z600型预制混凝土矩形渠盖板

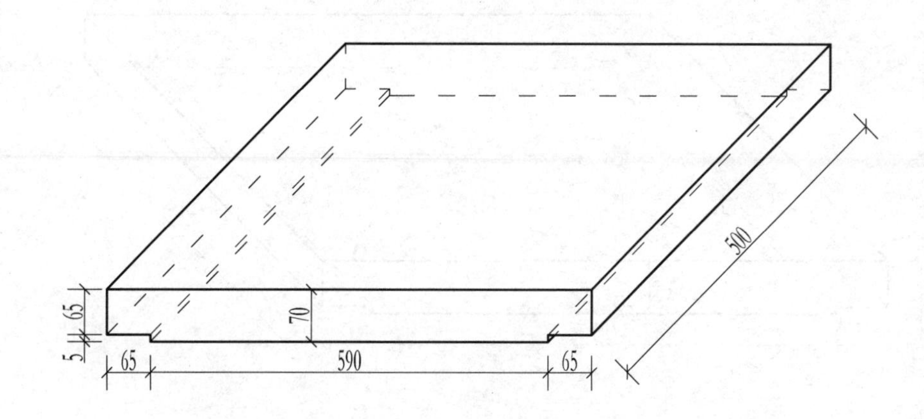

Z500型预制混凝土矩形渠盖板配筋图

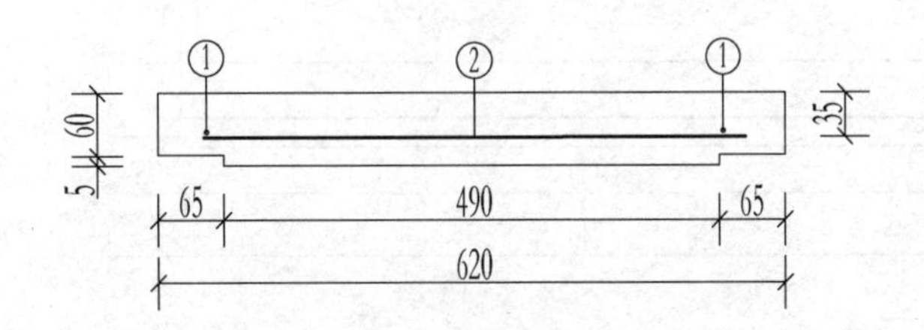

Z600型预制混凝土矩形渠盖板配筋图

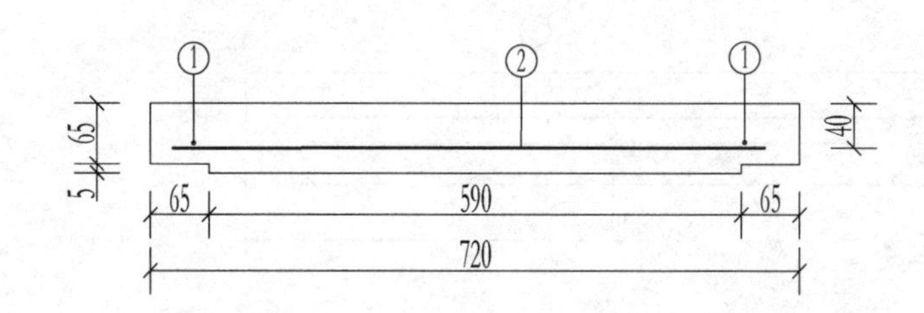

Z500型预制混凝土矩形渠盖板钢筋明细表

编号	直径/mm	形式	长度/mm	数量/根	总长度/m	单位质量/(kg/m)	总质量/kg
①	6	440	440	3	1.320	0.222	0.293
②	6	560	560	4	2.240	0.222	0.497
合计							0.790

Z600型预制混凝土矩形渠盖板钢筋明细表

编号	直径/mm	形式	长度/mm	数量/根	总长度/m	单位质量/(kg/m)	总质量/kg
①	6	440	440	3	1.320	0.222	0.293
②	6	660	660	4	2.640	0.222	0.586
合计							0.879

说明：
1. 图中尺寸均以mm计；
2. 混凝土强度等级C50 F300；
3. 钢筋强度等级为HPB235；
4. 盖板弯曲强力大于15.0kN。

图号	2-9
图名	Z500、Z600型预制混凝土矩形渠盖板

Z700型预制混凝土矩形渠盖板

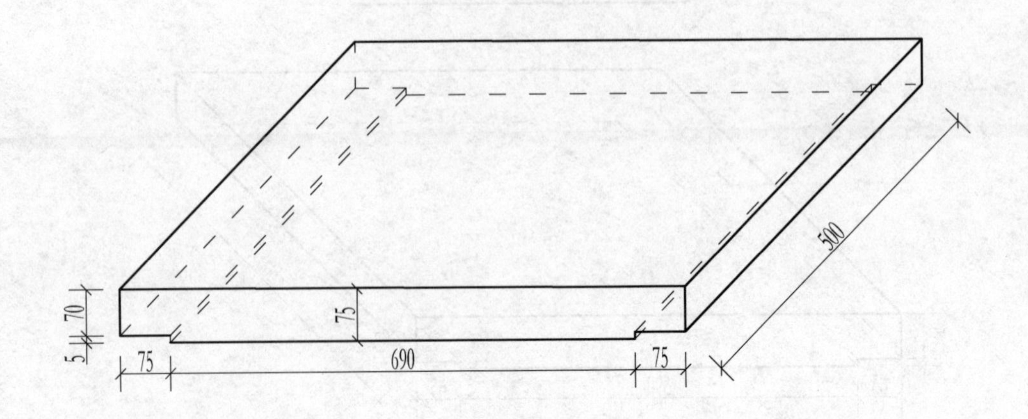

Z800型预制混凝土矩形渠盖板

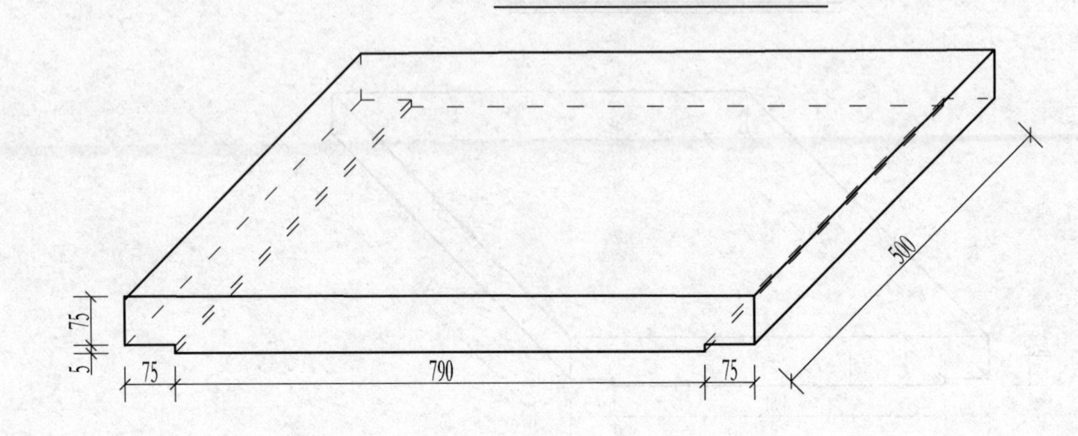

Z700型预制混凝土矩形渠盖板配筋图

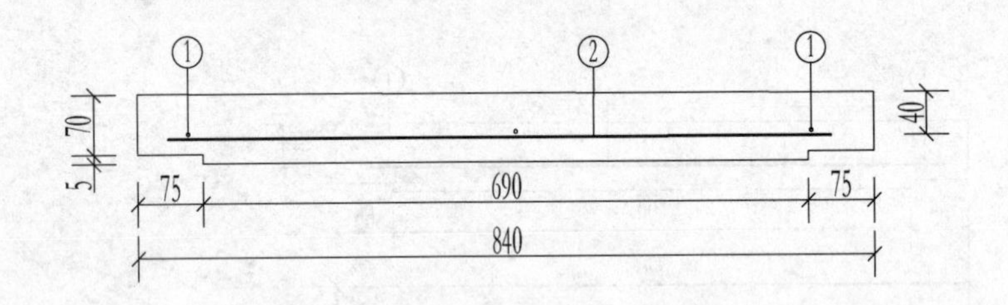

Z800型预制混凝土矩形渠盖板配筋图

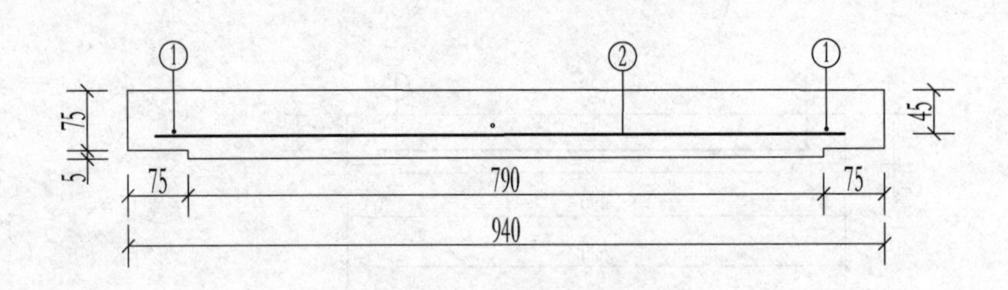

Z700型预制混凝土矩形渠盖板钢筋明细表

编号	直径/mm	形式	长度/mm	数量/根	总长度/m	单位质量/(kg/m)	总质量/kg
①	6	440	440	4	1.760	0.222	0.391
②	6	780	780	5	3.900	0.222	0.866
合计							1.257

Z800型预制混凝土矩形渠盖板钢筋明细表

编号	直径/mm	形式	长度/mm	数量/根	总长度/m	单位质量/(kg/m)	总质量/kg
①	6	440	440	4	1.760	0.222	0.391
②	6	880	880	5	4.400	0.222	0.977
合计							1.368

说明:

1. 图中尺寸均以mm计;
2. 混凝土强度等级C50 F300;
3. 钢筋强度等级为HPB235;
4. 盖板弯曲强力大于15.0kN。

图号	2-10
图名	Z700、Z800型预制混凝土矩形渠盖板

第3章

拼接式预制混凝土矩形渠

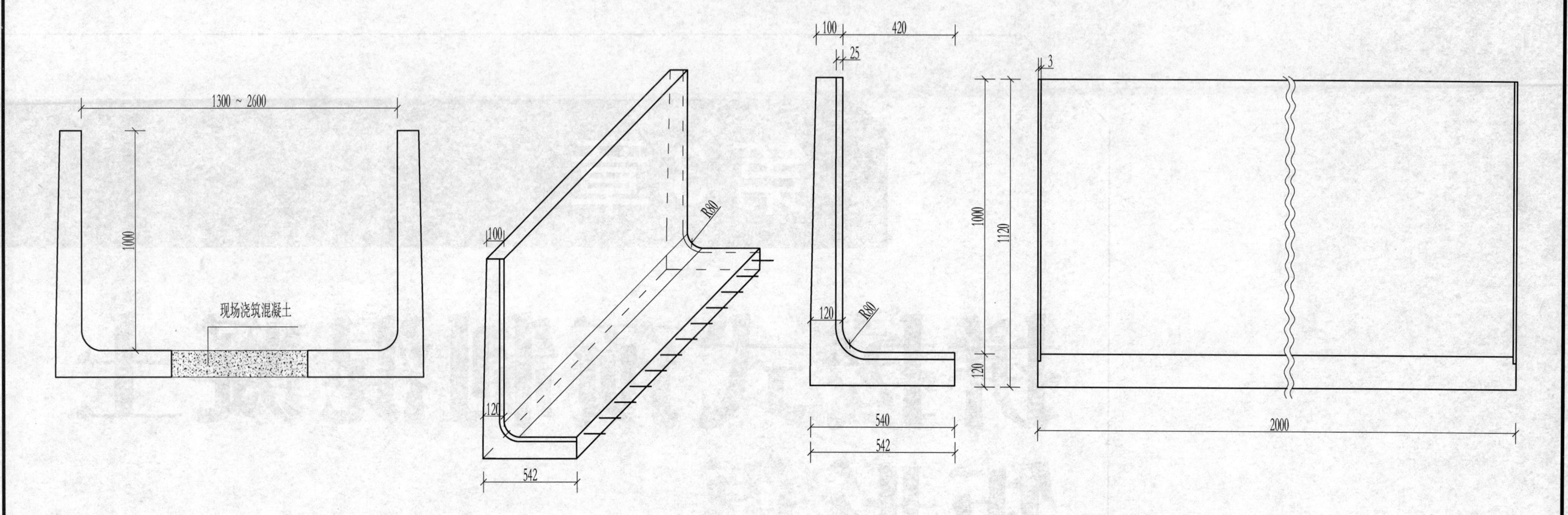

1000型拼接式预制混凝土矩形渠配筋图

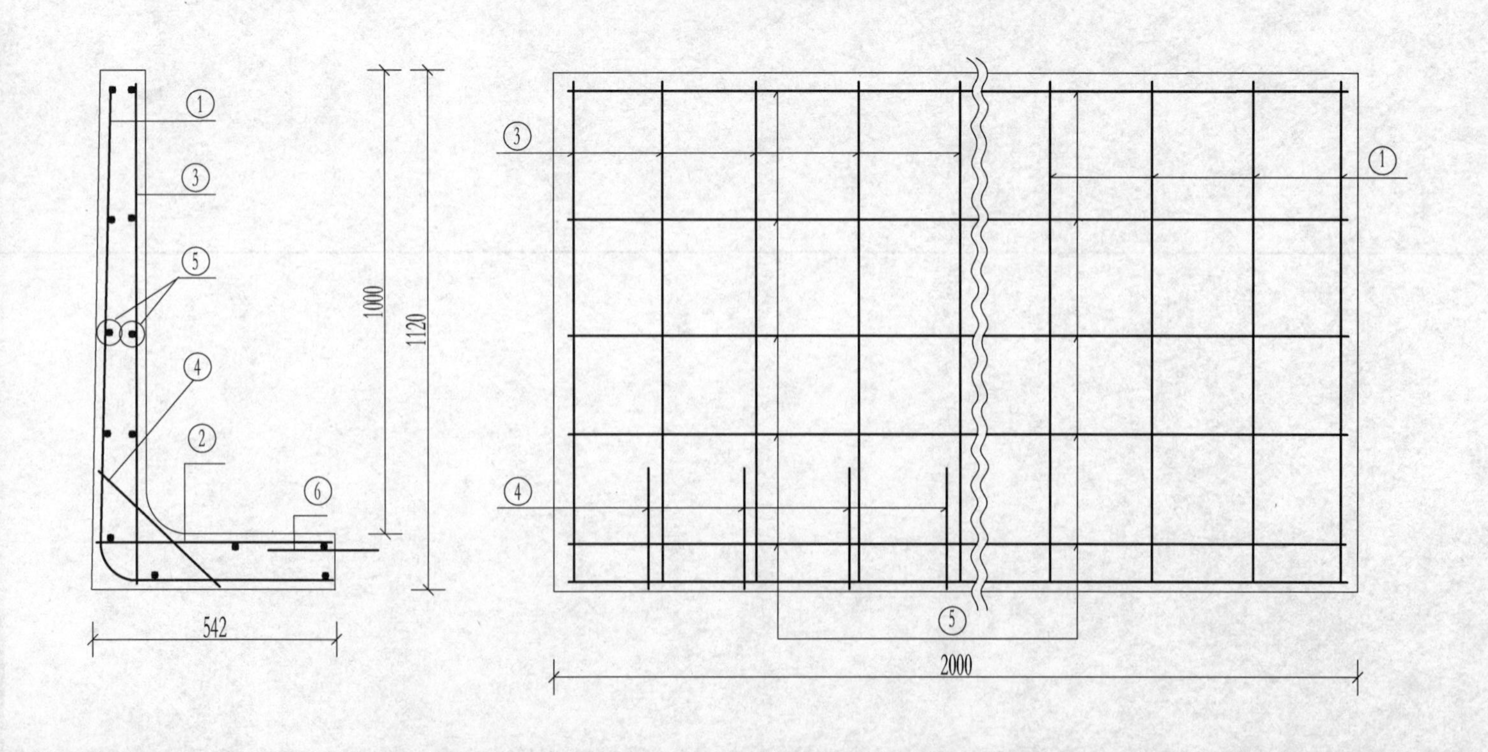

1000型拼接式预制混凝土矩形渠钢筋明细表

编号	直径/mm	形式	长度/mm	数量/根	总长度/m	单位质量/(kg/m)	总质量/kg
①	10	980 R80 443	1540	10	15.40	0.617	9.50
②	10	500	500	10	5.00	0.617	3.09
③	6	1070	1070	10	10.70	0.222	2.38
④	10	360	360	10	3.60	0.617	2.22
⑤	6	1960	1960	14	27.44	0.617	16.93
⑥	14	300	300	10	3.00	1.210	3.63
合计							37.75

说明：
1. 图中尺寸均以mm计；
2. 混凝土强度等级C50 F300；
3. 钢筋强度等级为HPB235；
4. 预制混凝土构件两端预制25mm×3mm凹槽；
5. 构件弯曲强力大于27.0kN；
6. 现场浇筑混凝土强度等级C35 F300。

图号	3-1
图名	1000型拼接式预制混凝土矩形渠

1200型拼接式预制混凝土矩形渠

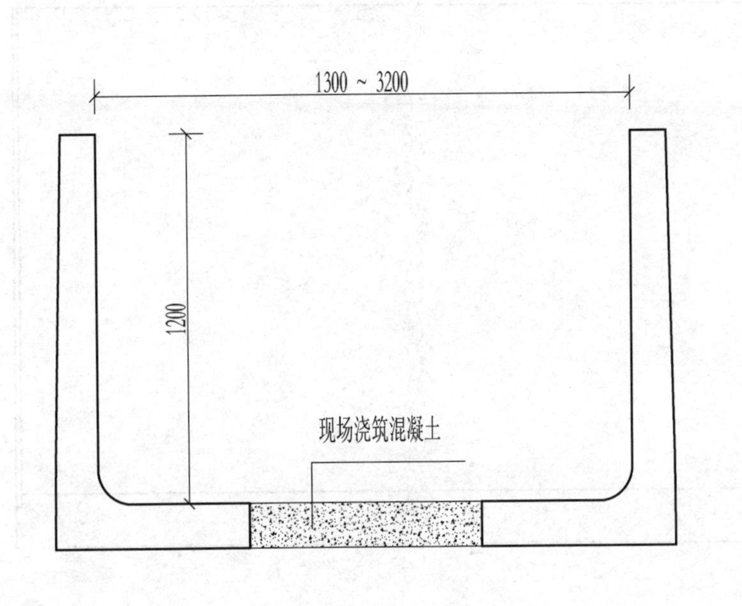

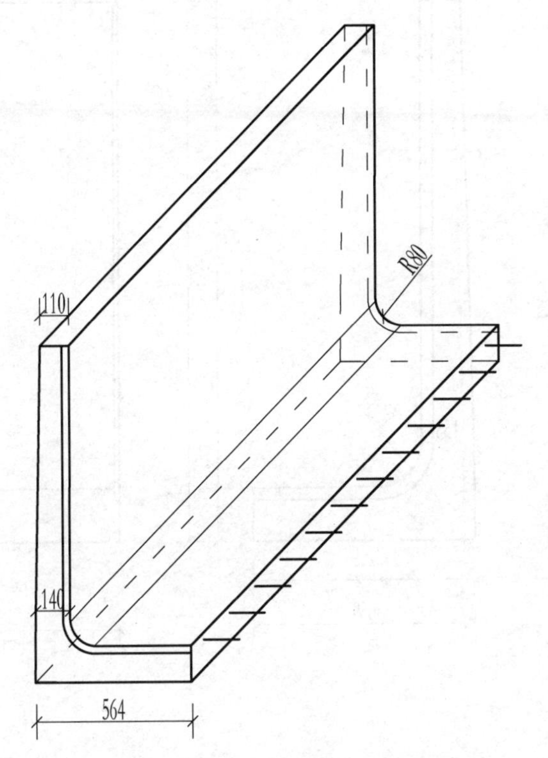

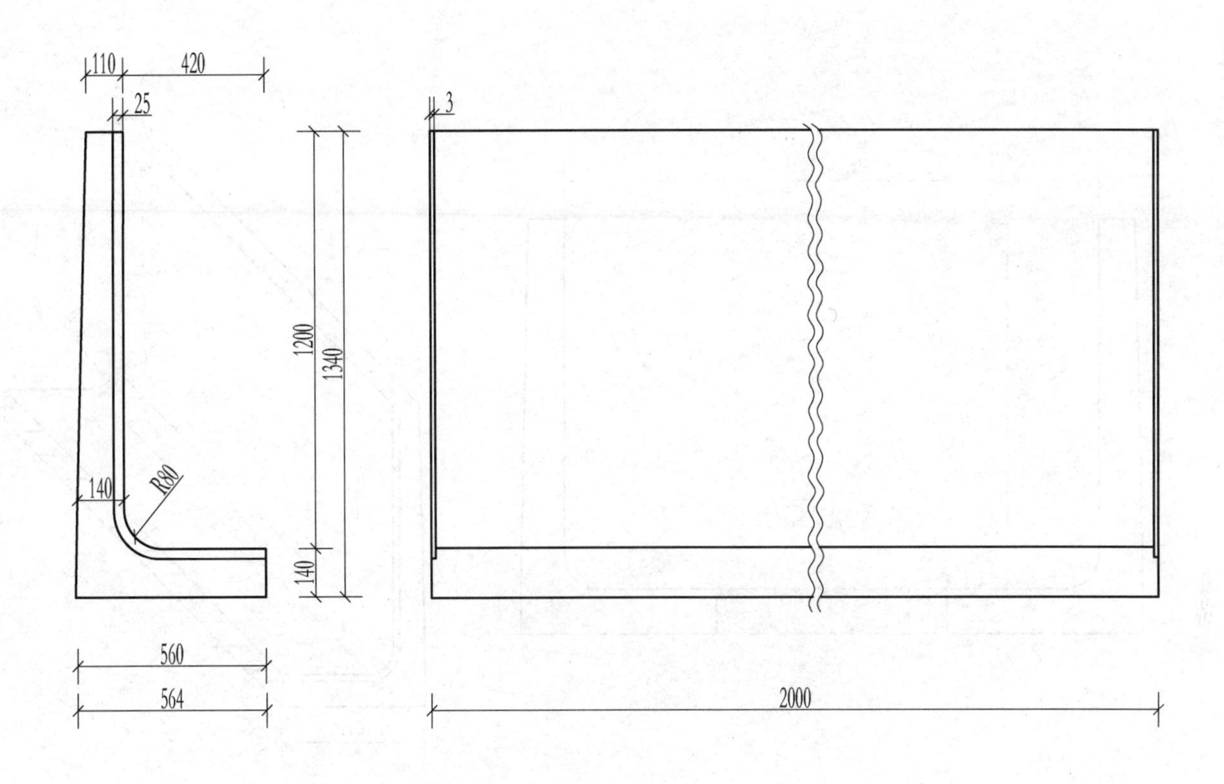

1200型拼接式预制混凝土矩形渠配筋图

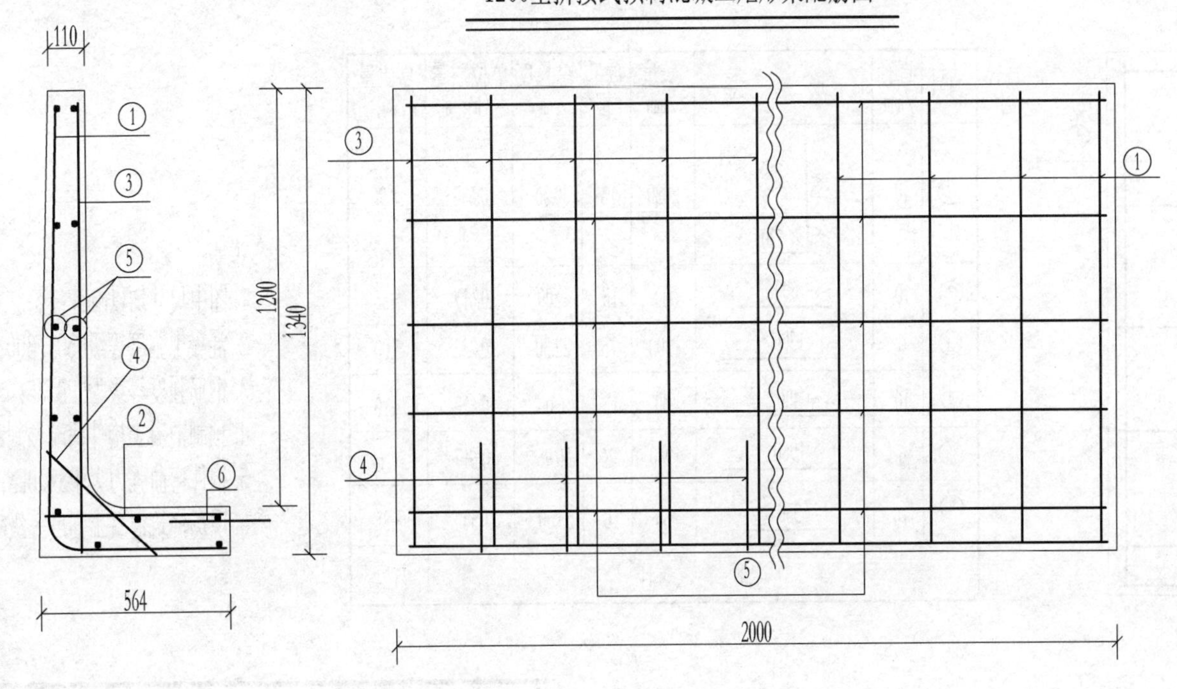

1200型拼接式预制混凝土矩形渠钢筋明细表

编号	直径/mm	形式	长度/mm	数量/根	总长度/m	单位质量/(kg/m)	总质量/kg
①	10	1180 R80 463 111	1760	12	21.12	0.617	13.03
②	10	520	520	12	6.24	0.617	3.85
③	6	1280	1280	12	15.36	0.222	3.41
④	10	380	380	12	4.56	0.617	2.81
⑤	6	1960	1960	20	39.20	0.617	24.19
⑥	14	300	300	14	4.20	1.210	5.08
合计							52.37

说明：

1. 图中尺寸均以mm计；
2. 混凝土强度等级C50 F300；
3. 钢筋强度等级为HPB235；
4. 预制混凝土构件两端预制25mm×3mm凹槽；
5. 构件弯曲强力大于32.0kN；
6. 现场浇筑混凝土强度等级C35 F300。

图号	3-2
图名	1200型拼接式预制混凝土矩形渠

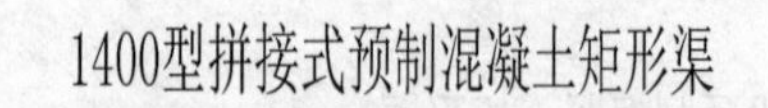

1400型拼接式预制混凝土矩形渠

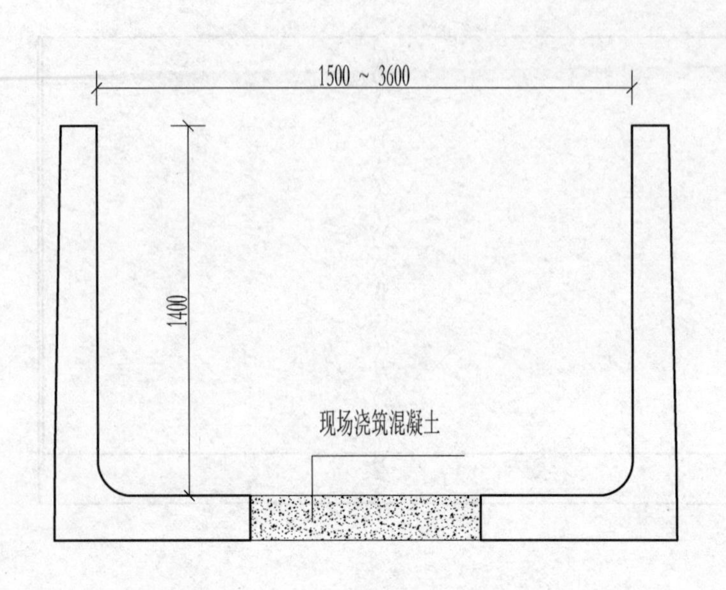

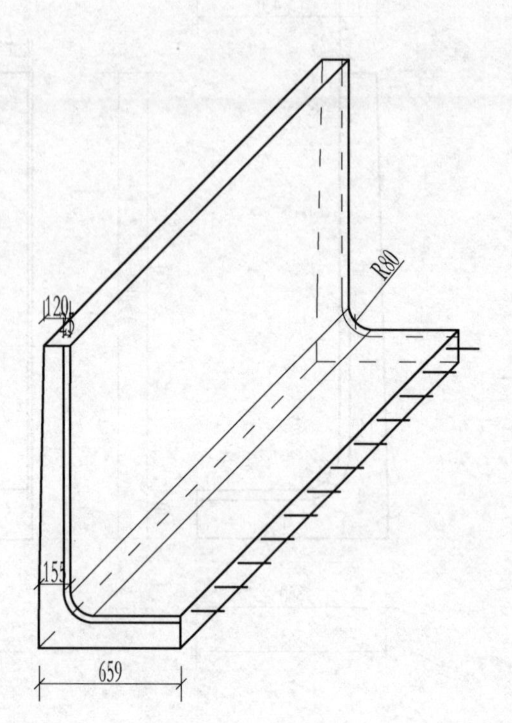

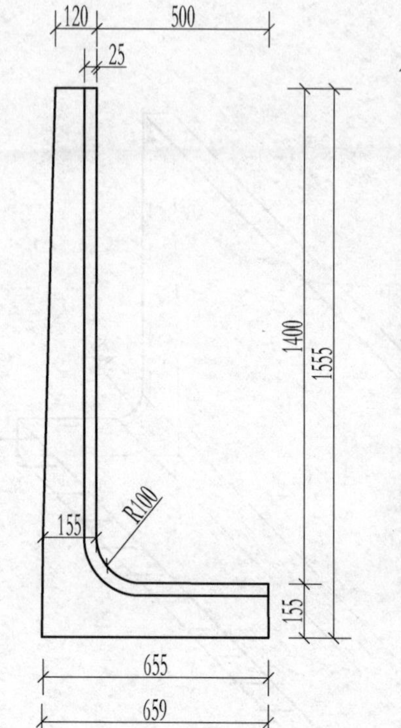

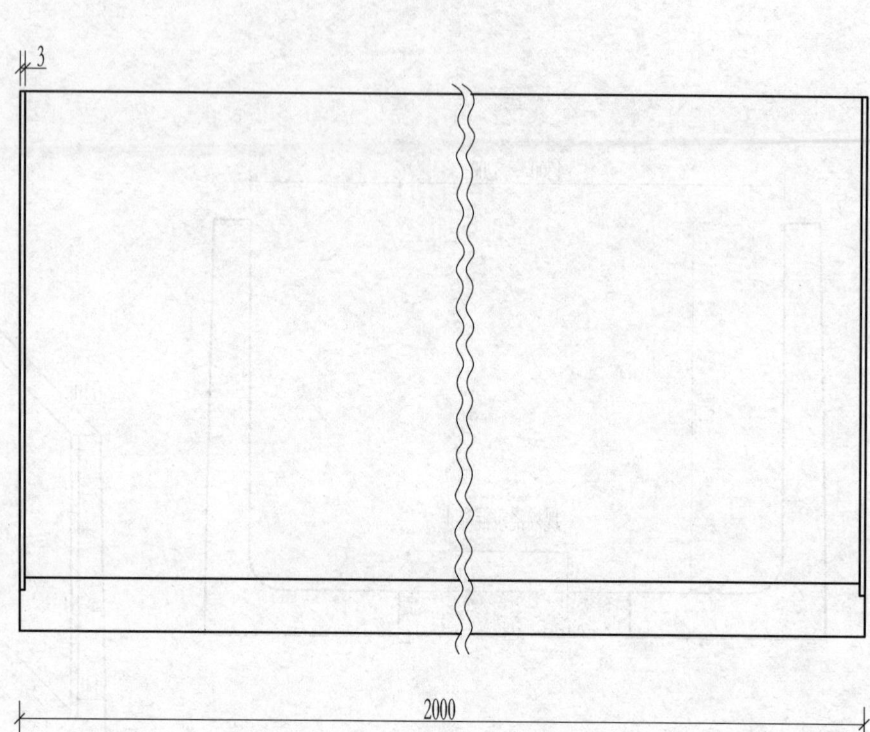

1400型拼接式预制混凝土矩形渠配筋图

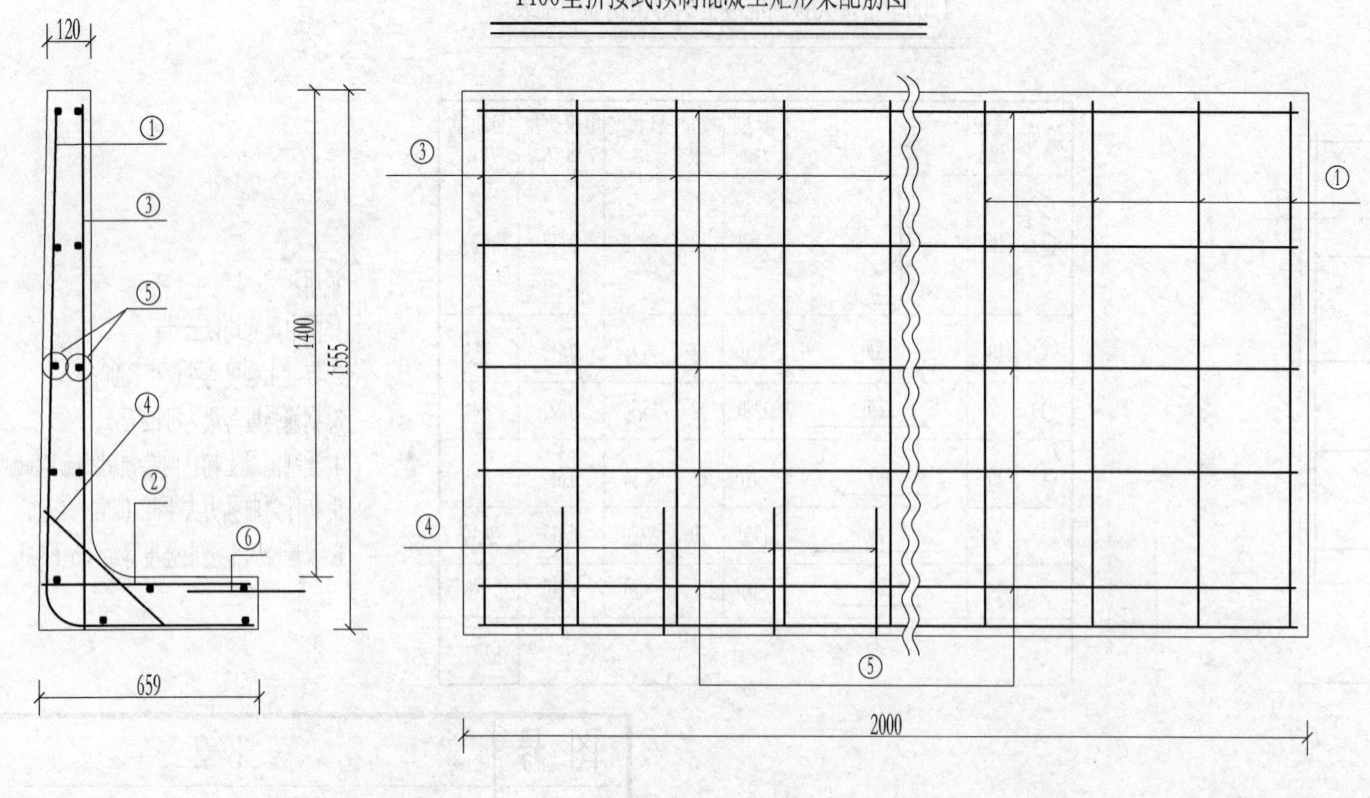

1400型拼接式预制混凝土矩形渠钢筋明细表

编号	直径/mm	形　式	长度/mm	数量/根	总长度/m	单位质量/(kg/m)	总质量/kg
①	10	1380, R100, 520, 120	2020	15	30.30	0.617	18.70
②	10	600	600	15	9.00	0.617	5.55
③	6	1500	1500	15	22.50	0.222	5.00
④	10	400	400	15	6.00	0.617	3.70
⑤	6	1960	1960	26	50.96	0.617	31.44
⑥	16	350	350	16	5.60	1.58	8.85
合　　计							73.24

说明：

1. 图中尺寸均以mm计；
2. 混凝土强度等级C50 F300；
3. 钢筋强度等级为HPB235；
4. 预制混凝土构件两端预制25mm×3mm凹槽；
5. 构件弯曲强力大于39.0kN；
6. 现场浇筑混凝土强度等级C35 F300。

图 号	3-3
图 名	1400型拼接式预制混凝土矩形渠

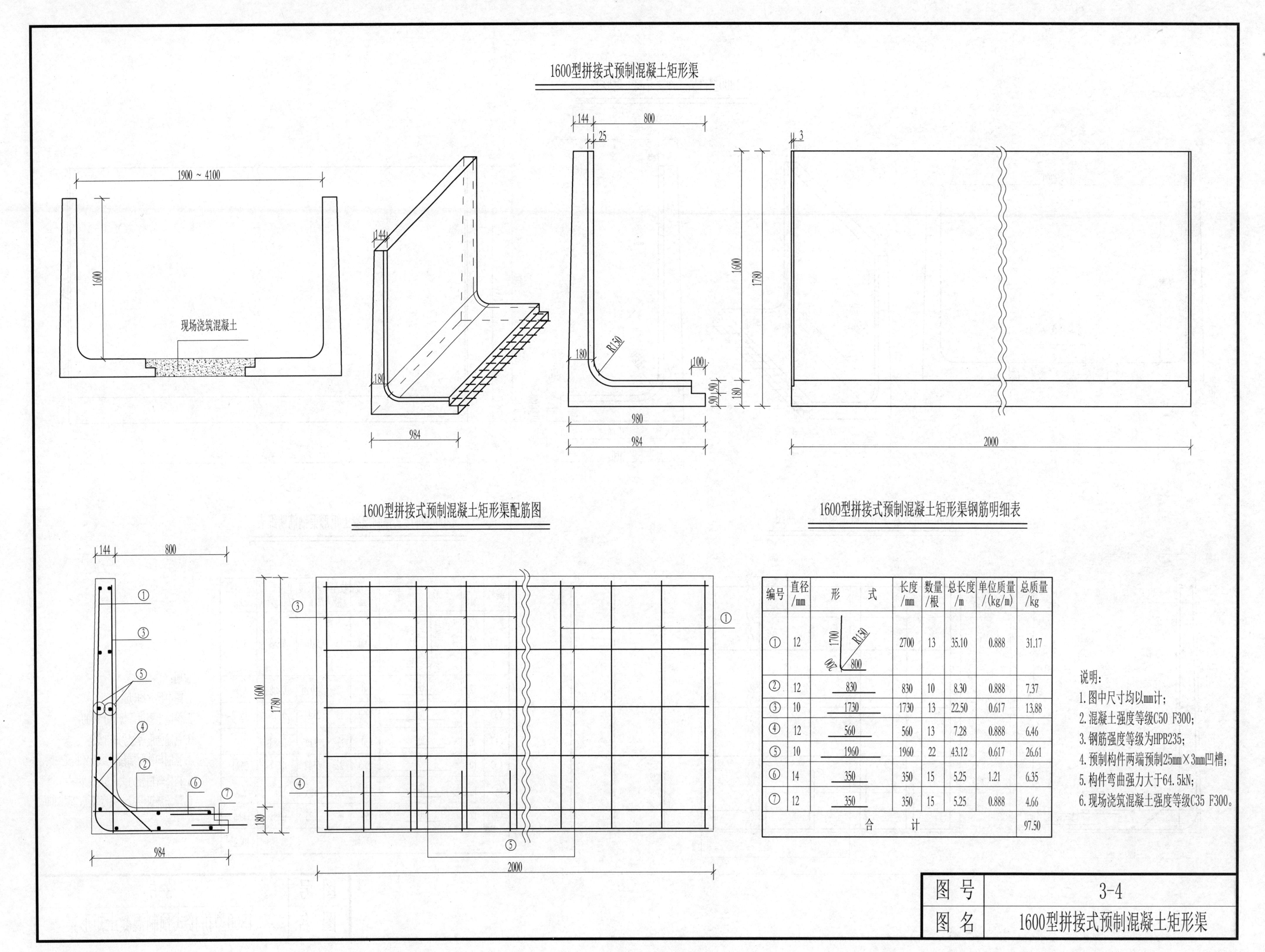

1600型拼接式预制混凝土矩形渠钢筋明细表

编号	直径/mm	形式	长度/mm	数量/根	总长度/m	单位质量/(kg/m)	总质量/kg
①	12	1700, R150, 200, 800	2700	13	35.10	0.888	31.17
②	12	830	830	10	8.30	0.888	7.37
③	10	1730	1730	13	22.50	0.617	13.88
④	12	560	560	13	7.28	0.888	6.46
⑤	10	1960	1960	22	43.12	0.617	26.61
⑥	14	350	350	15	5.25	1.21	6.35
⑦	12	350	350	15	5.25	0.888	4.66
合计							97.50

说明：
1. 图中尺寸均以mm计；
2. 混凝土强度等级C50 F300；
3. 钢筋强度等级为HPB235；
4. 预制构件两端预制25mm×3mm凹槽；
5. 构件弯曲强力大于64.5kN；
6. 现场浇筑混凝土强度等级C35 F300。

图号	3-4
图名	1600型拼接式预制混凝土矩形渠

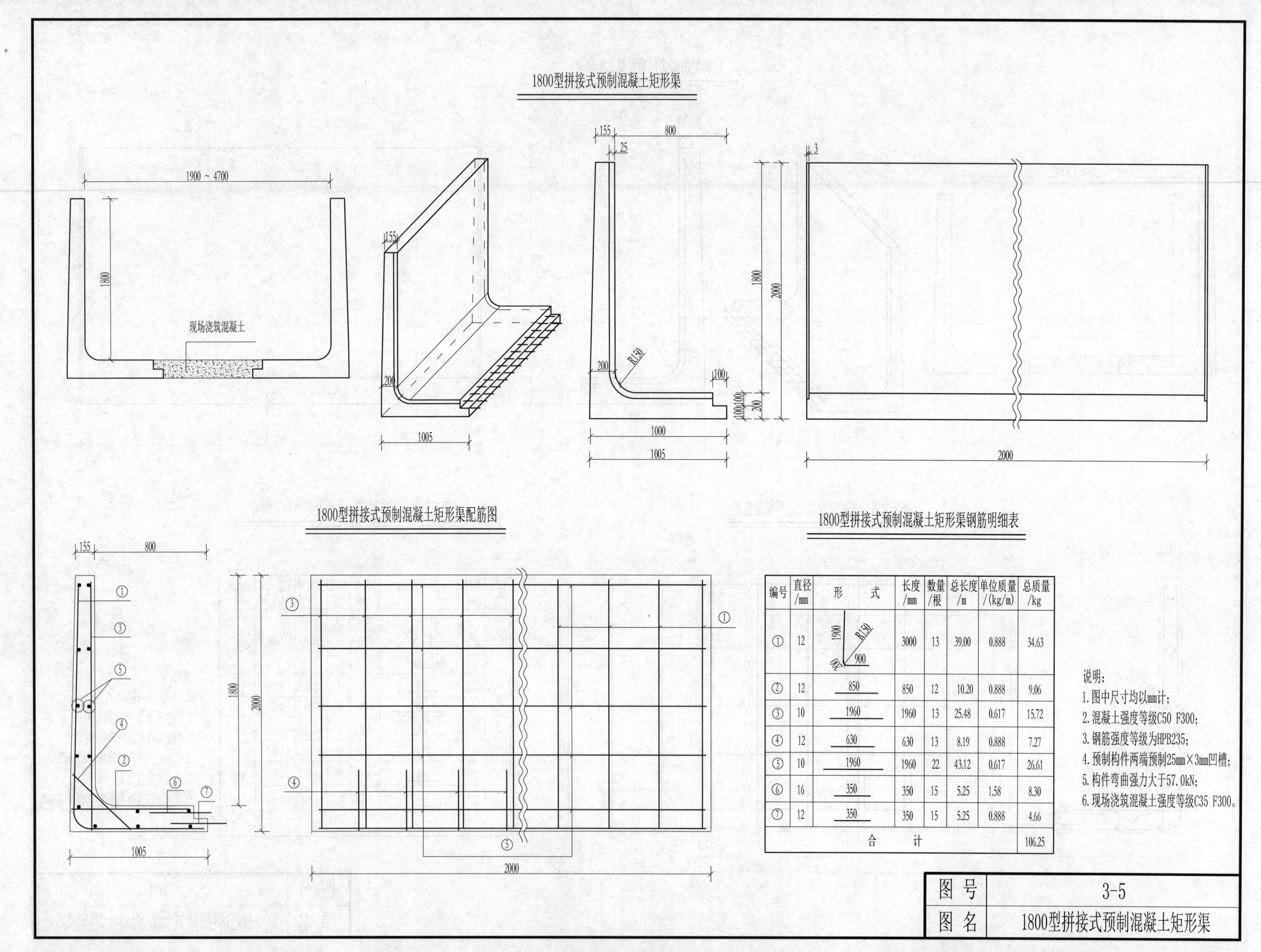

1800型拼接式预制混凝土矩形渠钢筋明细表

编号	直径/mm	形式	长度/mm	数量/根	总长度/m	单位质量/(kg/m)	总质量/kg
①	12	1900 R150 200 900	3000	13	39.00	0.888	34.63
②	12	850	850	12	10.20	0.888	9.06
③	10	1960	1960	13	25.48	0.617	15.72
④	12	630	630	13	8.19	0.888	7.27
⑤	10	1960	1960	22	43.12	0.617	26.61
⑥	16	350	350	15	5.25	1.58	8.30
⑦	12	350	350	15	5.25	0.888	4.66
合计							106.25

说明：
1. 图中尺寸均以mm计；
2. 混凝土强度等级C50 F300；
3. 钢筋强度等级为HPB235；
4. 预制构件两端预制25mm×3mm凹槽；
5. 构件弯曲强力大于57.0kN；
6. 现场浇筑混凝土强度等级C35 F300。

2000型拼接式预制混凝土矩形渠

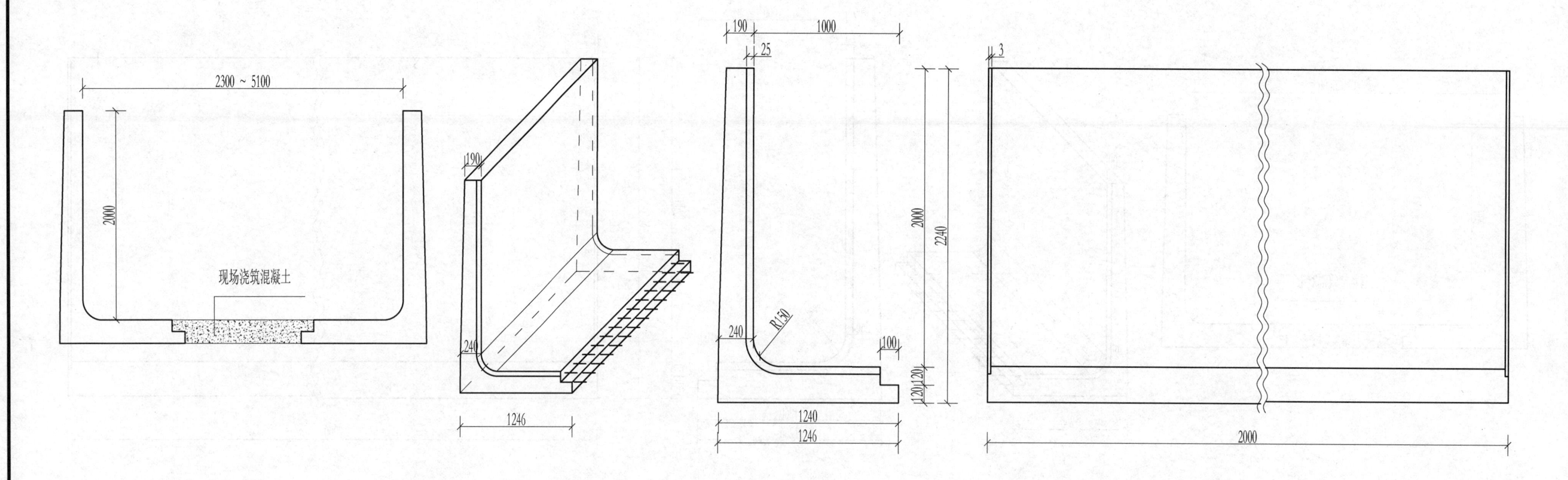

2000型拼接式预制混凝土矩形渠配筋图

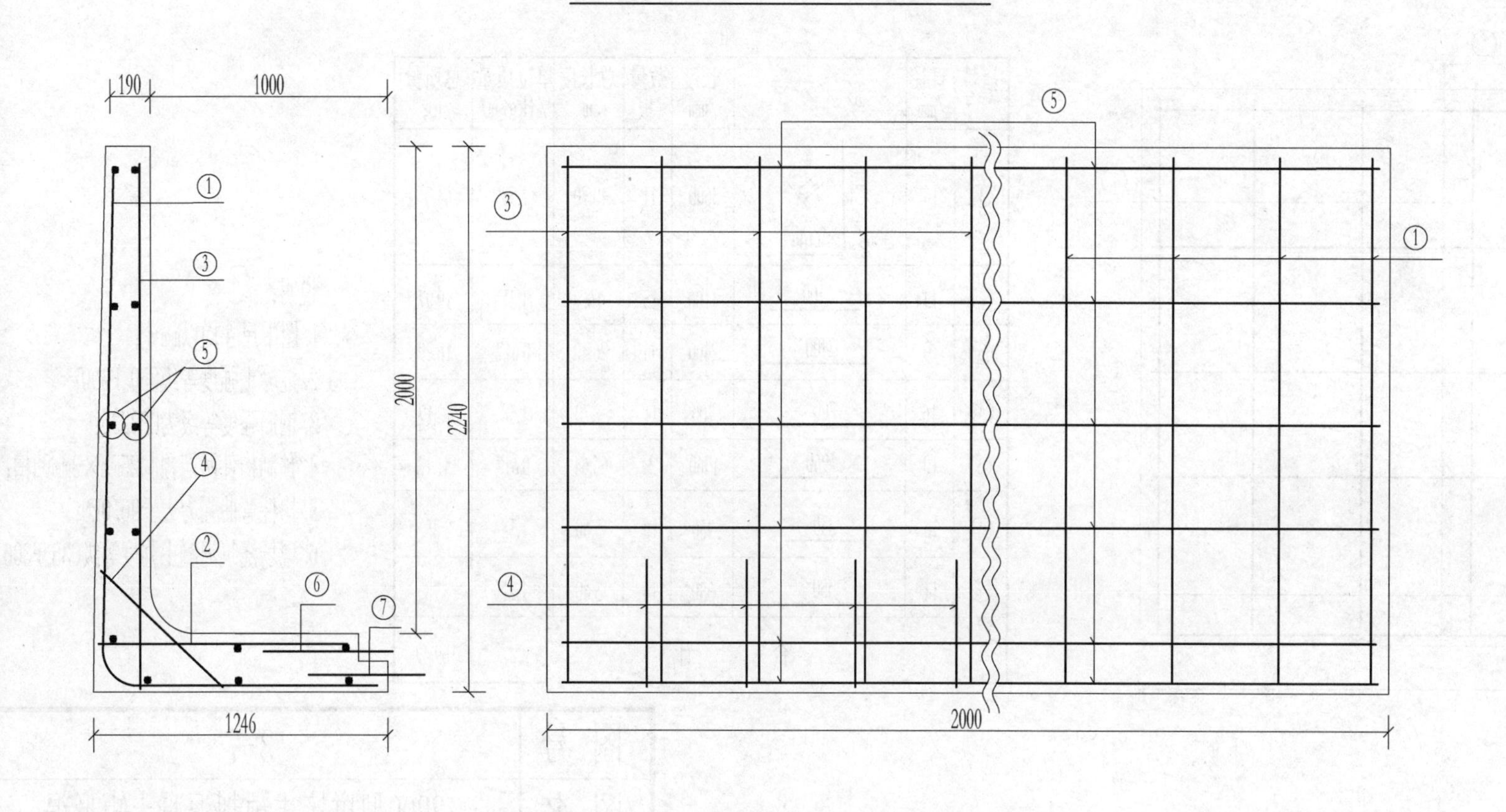

2000型拼接式预制混凝土矩形渠钢筋明细表

编号	直径/mm	形式	长度/mm	数量/根	总长度/m	单位质量/(kg/m)	总质量/kg
①	12	2100 R150 200 1100	3400	13	45.50	0.888	40.40
②	12	1100	1100	13	14.30	0.888	12.70
③	10	2200	2200	13	28.60	0.617	17.65
④	12	700	700	13	9.10	0.888	8.08
⑤	10	1960	1960	28	54.88	0.617	33.86
⑥	16	350	350	14	4.90	1.58	7.74
⑦	12	350	350	14	4.90	0.888	4.35
合计							124.78

说明：
1. 图中尺寸均以mm计；
2. 混凝土强度等级C50 F300；
3. 钢筋强度等级为HPB235；
4. 预制构件两端预制25mm×3mm凹槽；
5. 构件弯曲强力大于70.5kN；
6. 现场浇筑混凝土强度等级C35 F300。

图号	3-6
图名	2000型拼接式预制混凝土矩形渠

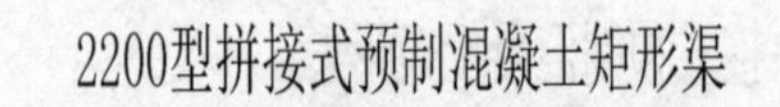

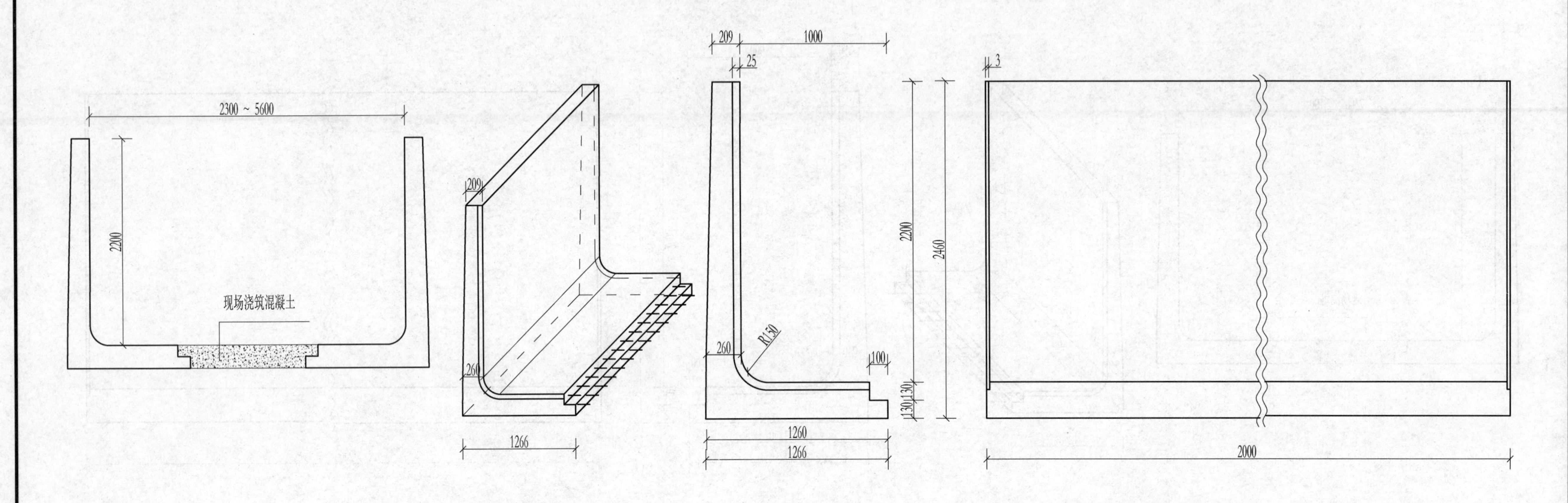

2200型拼接式预制混凝土矩形渠配筋图

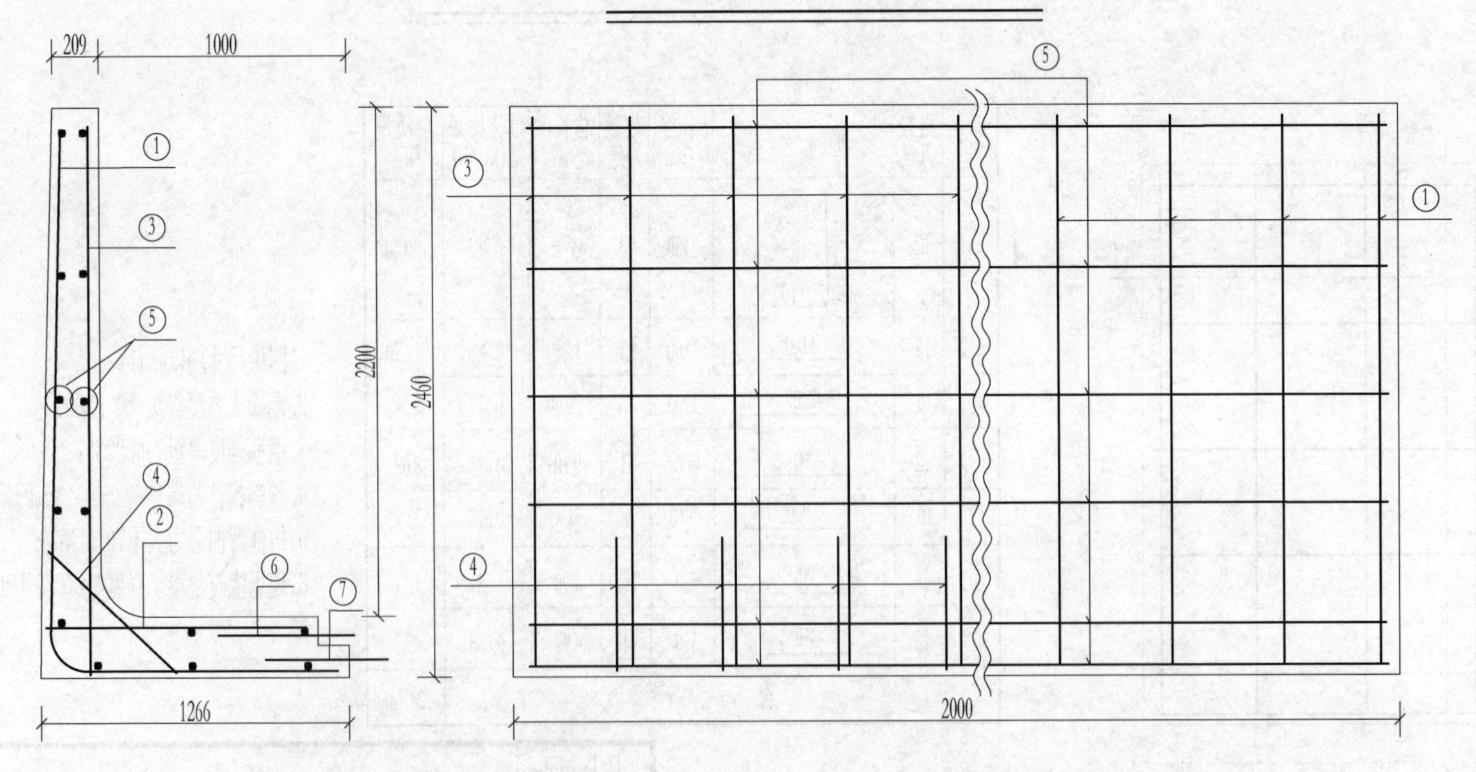

2200型拼接式预制混凝土矩形渠钢筋明细表

编号	直径/mm	形　　式	长度/mm	数量/根	总长度/m	单位质量/(kg/m)	总质量/kg
①	16	2300 R150 200 1100	3600	11	40.70	1.58	64.31
②	14	1100	1100	15	16.50	1.21	19.97
③	10	2400	2400	11	26.40	0.617	16.29
④	16	700	700	11	7.70	1.58	12.17
⑤	10	1960	1960	34	66.64	0.617	41.12
⑥	16	350	350	16	5.60	1.58	8.85
⑦	14	350	350	16	5.60	1.21	6.78
合　　计							169.49

说明：

1. 图中尺寸均以mm计；
2. 混凝土强度等级C50 F300；
3. 钢筋强度等级为HPB235；
4. 预制构件两端预制25mm×3mm凹槽；
5. 构件弯曲强力大于96.0kN；
6. 现场浇筑混凝土强度等级C35 F300。

图号	3-7
图名	2200型拼接式预制混凝土矩形渠

2400型拼接式预制混凝土矩形渠

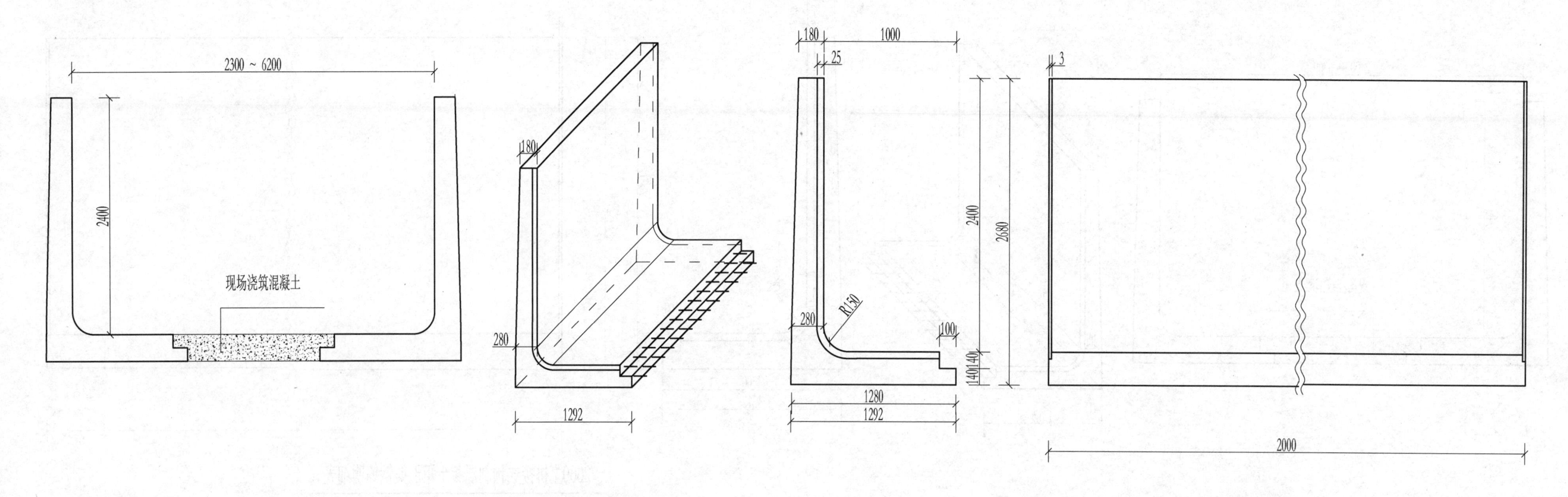

2400型拼接式预制混凝土矩形渠配筋图

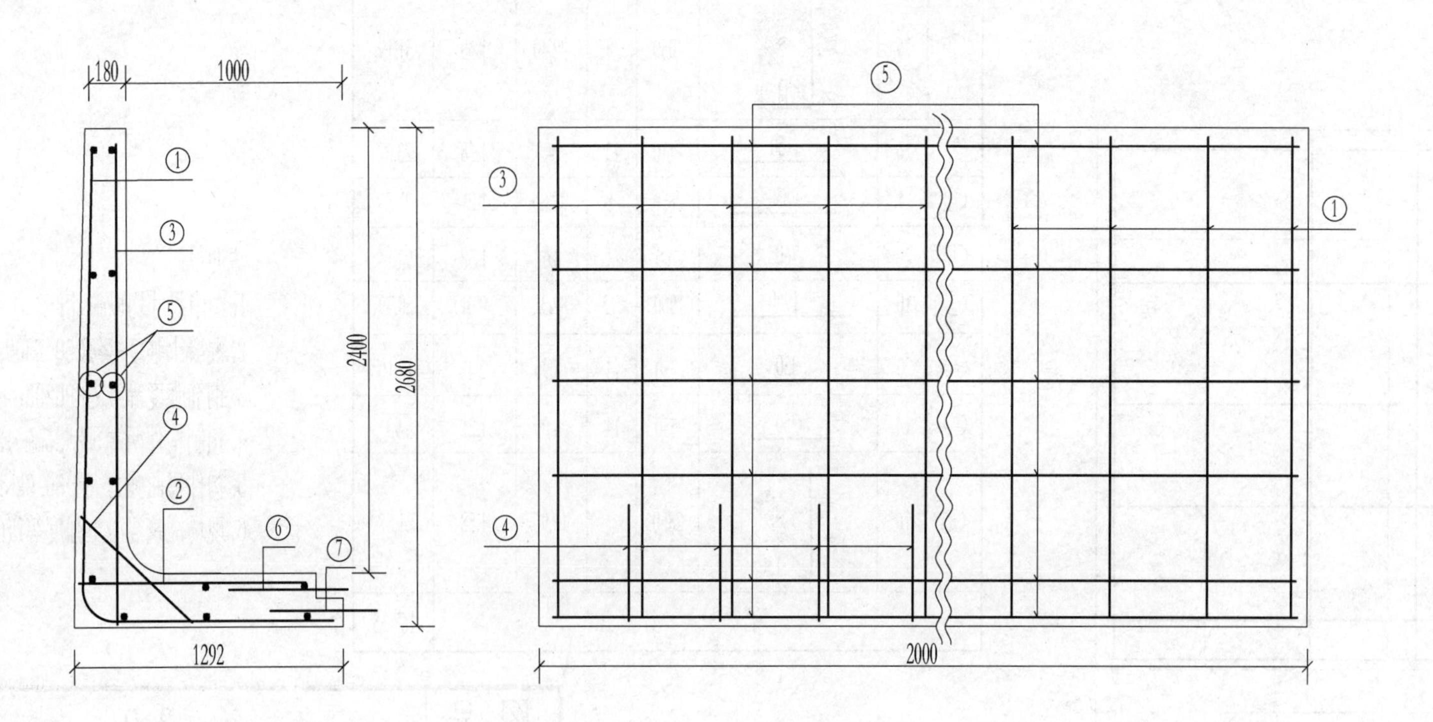

2400型拼接式预制混凝土矩形渠钢筋明细表

编号	直径/mm	形式	长度/mm	数量/根	总长度/m	单位质量/(kg/m)	总质量/kg
①	16	2520 R150 200 1110	3830	13	49.79	1.58	78.67
②	16	1100	1100	11	12.10	1.58	19.12
③	10	2620	2620	13	34.06	0.617	21.02
④	16	750	750	13	9.75	1.58	15.41
⑤	10	1960	1960	38	74.48	0.617	45.95
⑥	16	350	350	17	5.95	1.58	9.40
⑦	14	350	350	17	5.95	1.21	7.20
合计							196.77

说明：
1. 图中尺寸均以mm计；
2. 混凝土强度等级C50 F300；
3. 钢筋强度等级为HPB235；
4. 预制构件两端预制25mm×3mm凹槽；
5. 构件弯曲强力大于101.0kN；
6. 现场浇筑混凝土强度等级C35 F300。

图号	3-8
图名	2400型拼接式预制混凝土矩形渠

2600型拼接式预制混凝土矩形渠

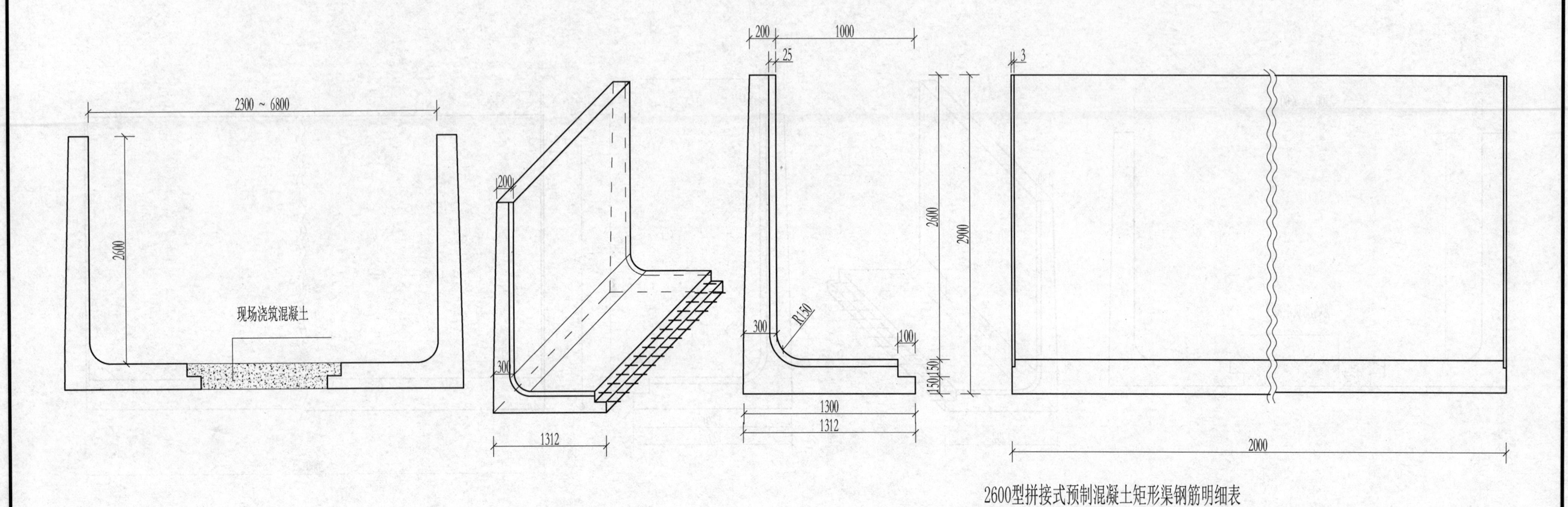

2600型拼接式预制混凝土矩形渠钢筋明细表

编号	直径/mm	形式	长度/mm	数量/根	总长度/m	单位质量/(kg/m)	总质量/kg
①	16	2700 R150 200 1150	4050	8	32.40	1.58	51.19
②	16	1150	1150	13	14.95	1.58	23.62
③	14	2850	2850	8	22.80	1.21	27.59
④	16	760	760	8	6.08	1.58	9.61
⑤	10	1960	1960	42	82.32	0.617	50.79
⑥	20	350	350	14	4.90	2.47	12.10
⑦	14	350	350	14	4.90	1.21	5.93
⑧	16	1500 R150 200 1150	2850	7	19.95	1.58	31.52
合计							167.35

2600型拼接式预制混凝土矩形渠配筋图

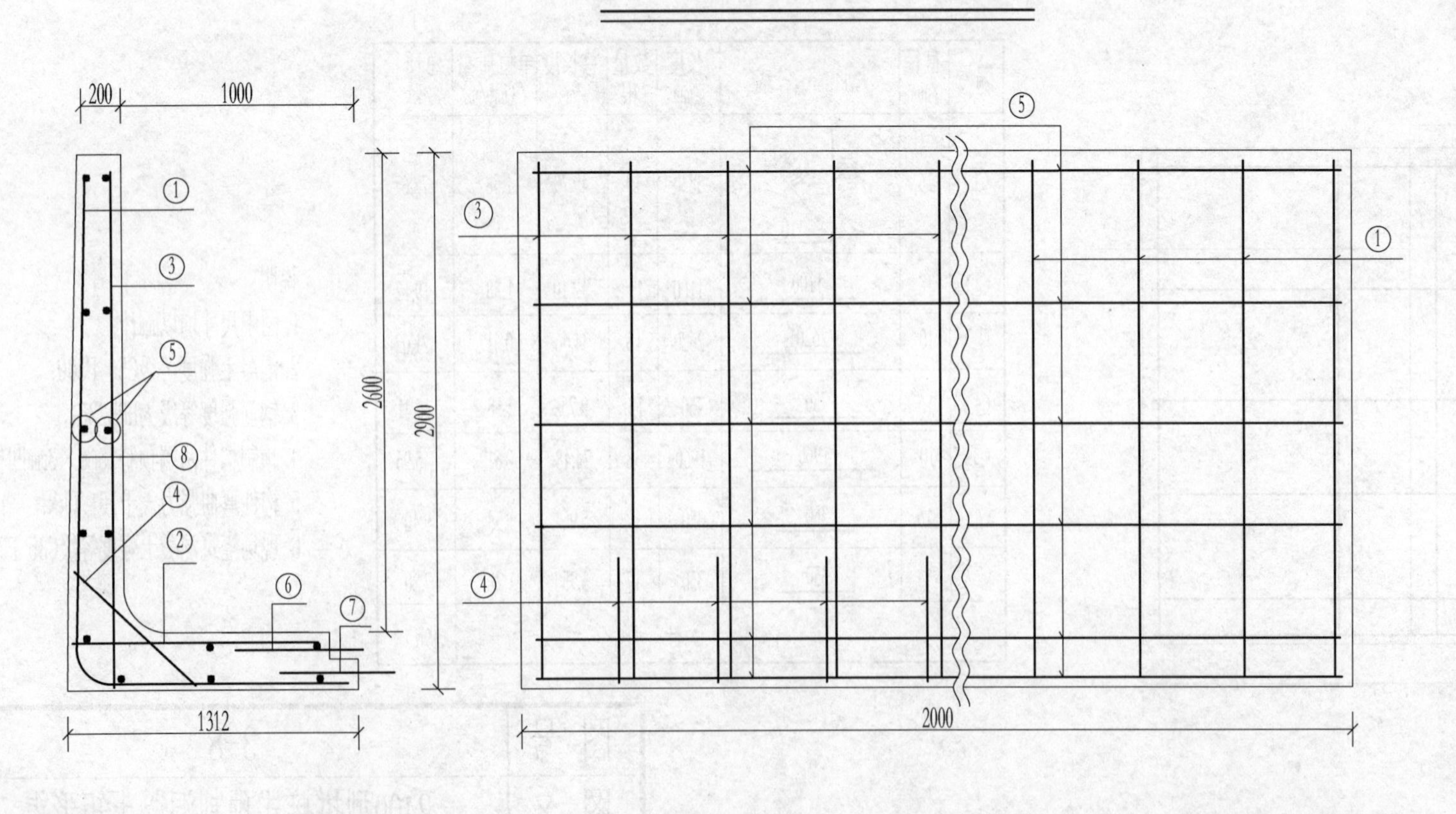

说明：

1. 图中尺寸均以mm计；
2. 混凝土强度等级C50 F300；
3. 钢筋强度等级为HPB235；
4. 预制构件两端预制25mm×3mm凹槽；
5. 构件弯曲强力大于56.0kN；
6. 现场浇筑混凝土强度等级C35 F300。

图号	3-9
图名	2600型拼接式预制混凝土矩形渠

第4章

预制混凝土四通

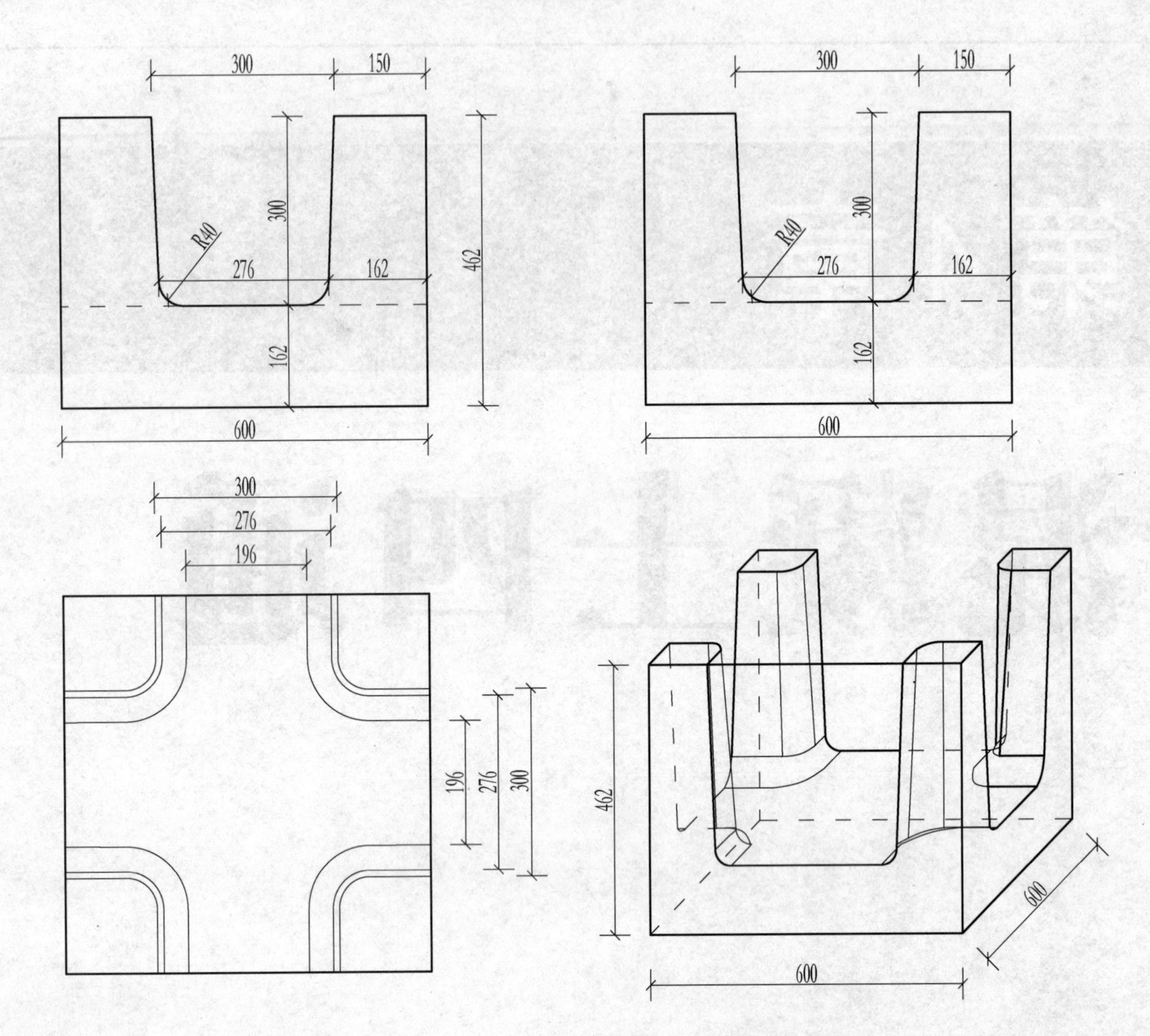

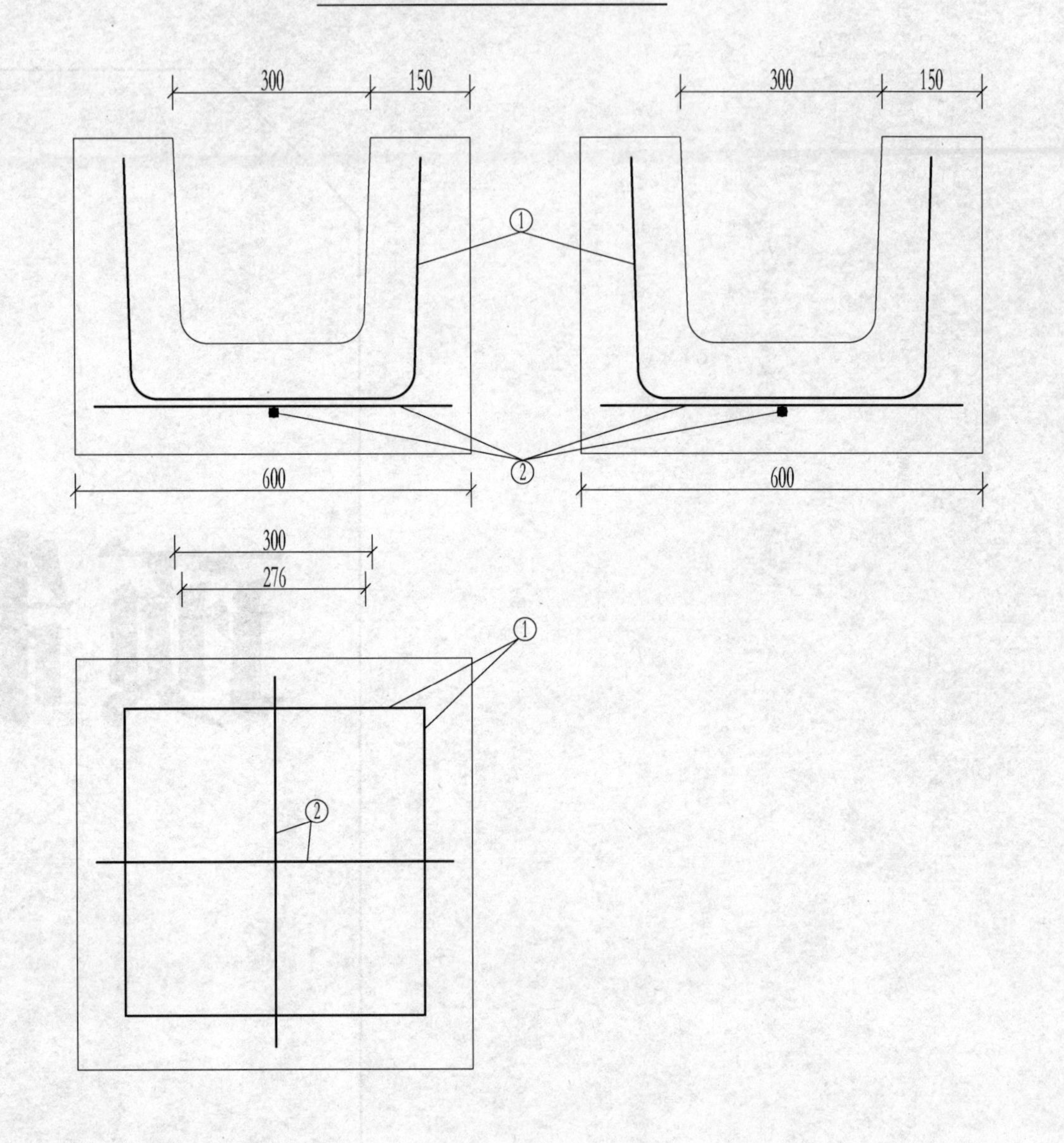

Z300型预制混凝土四通钢筋明细表

编号	直径/mm	形式	长度/mm	数量/根	总长度/m	单位质量/(kg/m)	总质量/kg
①	6	320 320 R40 350 65	1120	4	4.48	0.222	0.995
②	6	540	540	2	1.08	0.222	0.240
合计							1.235

说明：

1. 图中尺寸均以mm计；
2. 混凝土强度等级C50 F300；
3. 钢筋强度等级为HPB235。

图号	4-1
图名	Z300型预制混凝土四通

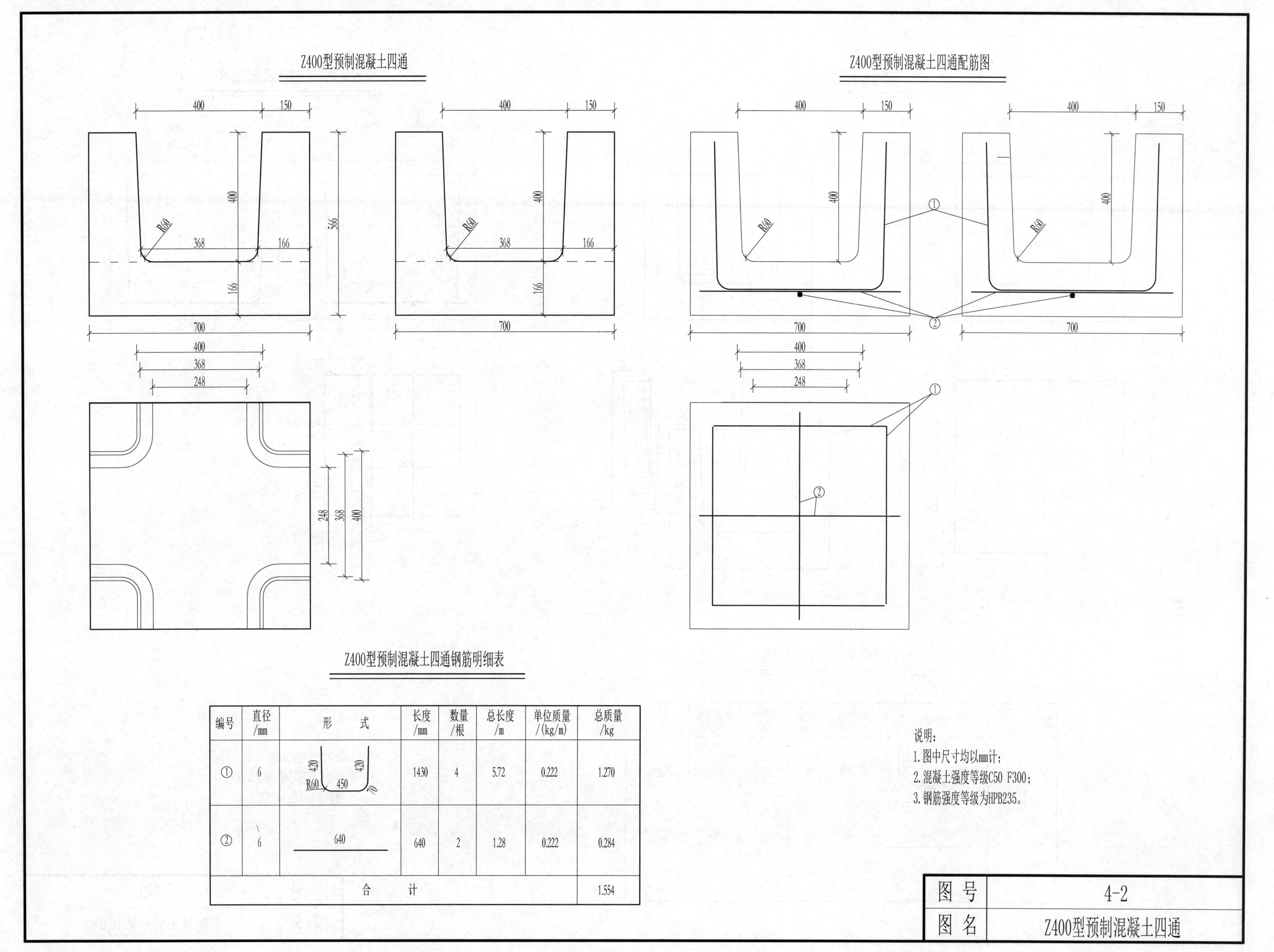

Z400型预制混凝土四通钢筋明细表

编号	直径/mm	形式	长度/mm	数量/根	总长度/m	单位质量/(kg/m)	总质量/kg
①	6	420 R60 450 420 70	1430	4	5.72	0.222	1.270
②	6	640	640	2	1.28	0.222	0.284
		合　计					1.554

说明：
1. 图中尺寸均以mm计；
2. 混凝土强度等级C50 F300；
3. 钢筋强度等级为HPB235。

图号	4-2
图名	Z400型预制混凝土四通

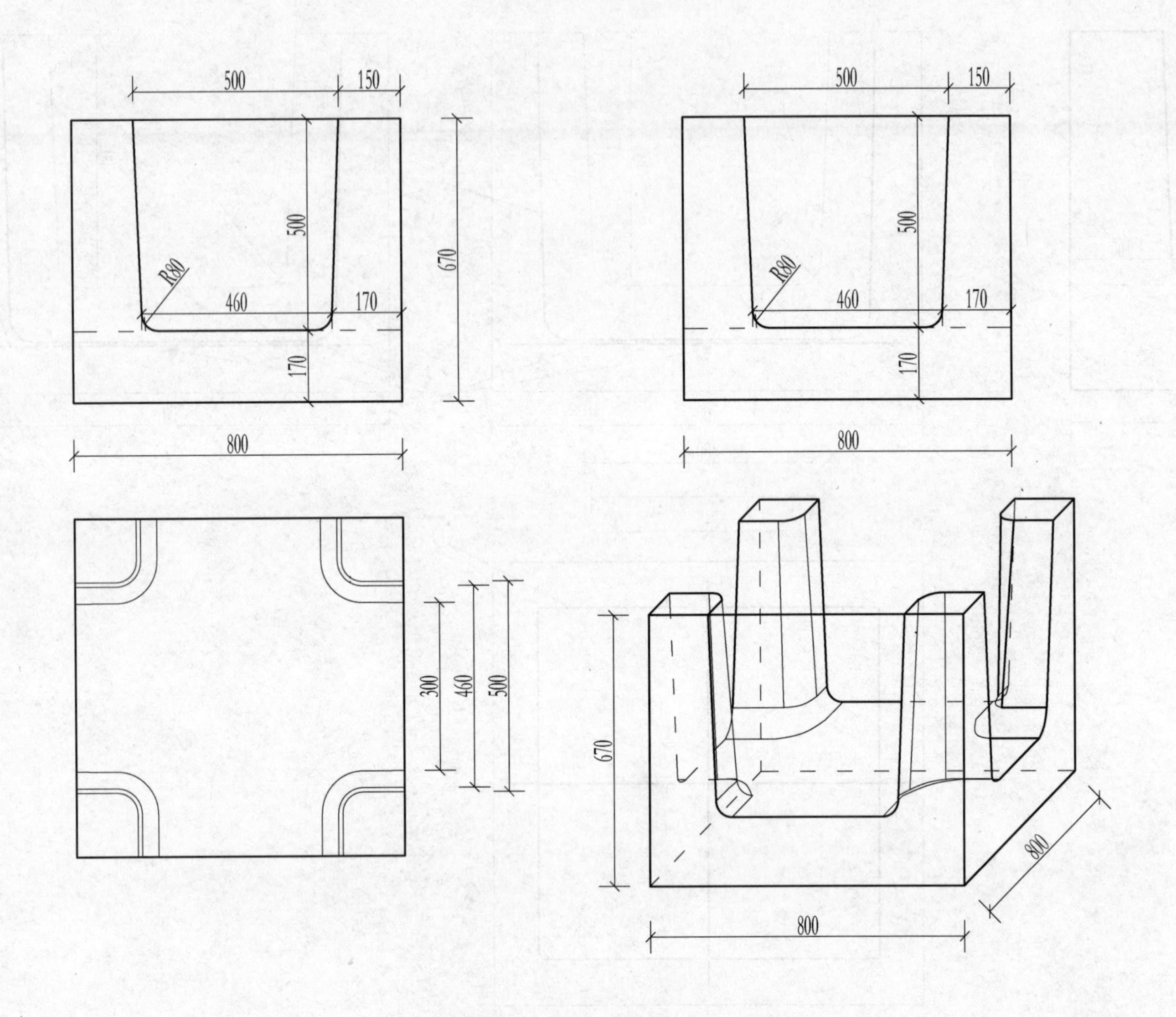

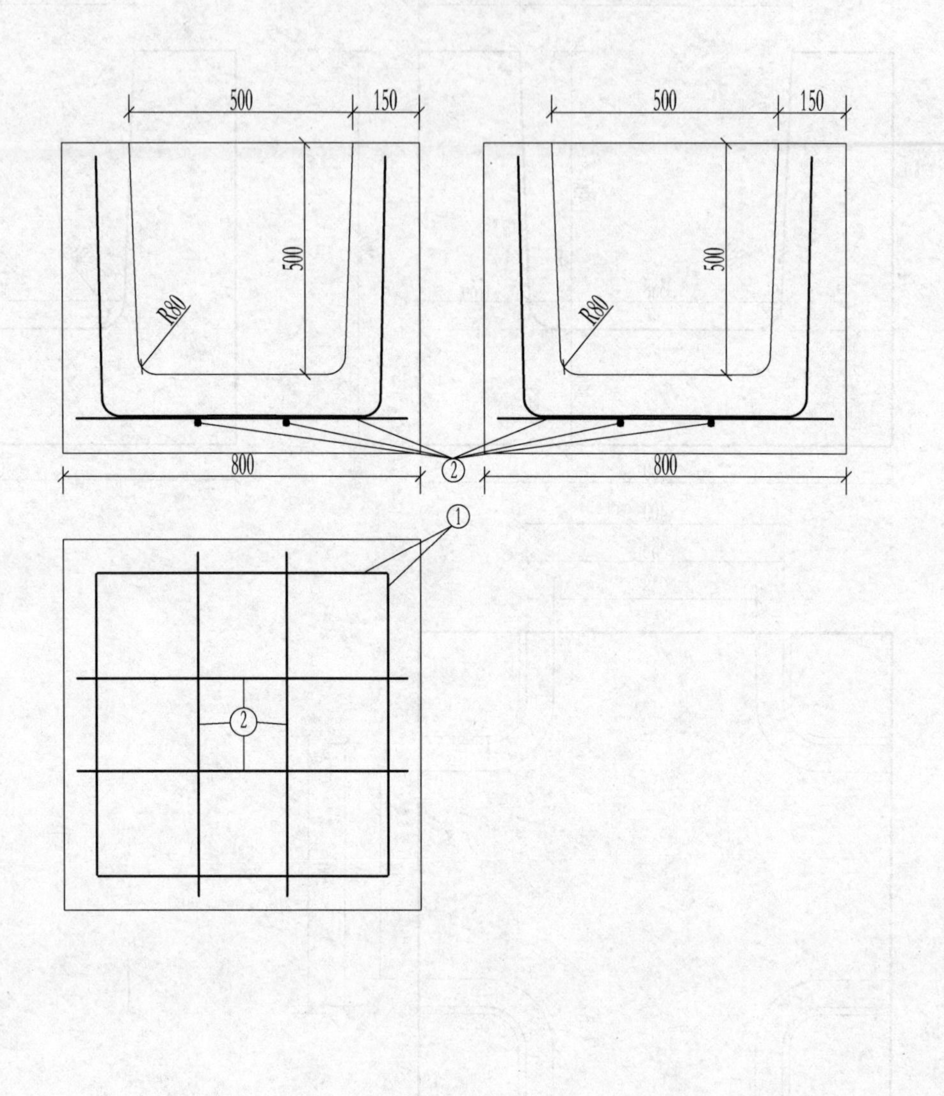

Z500型预制混凝土四通钢筋明细表

编号	直径/mm	形式	长度/mm	数量/根	总长度/m	单位质量/(kg/m)	总质量/kg
①	6	520 R80 550 520 125	1840	4	7.36	0.222	1.634
②	6	740	740	4	2.96	0.222	0.657
		合　计					2.291

说明：
1. 图中尺寸均以mm计；
2. 混凝土强度等级C50 F300；
3. 钢筋强度等级为HPB235。

图号	4-3
图名	Z500型预制混凝土四通

Z600型预制混凝土四通

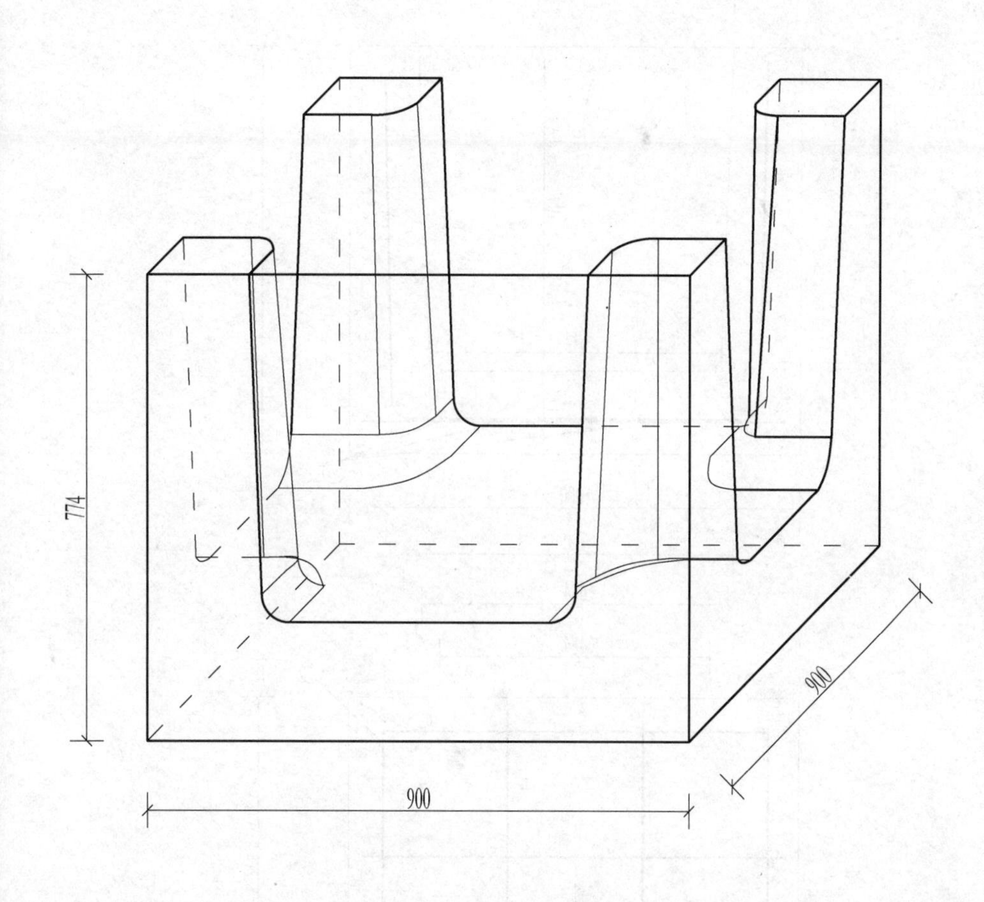

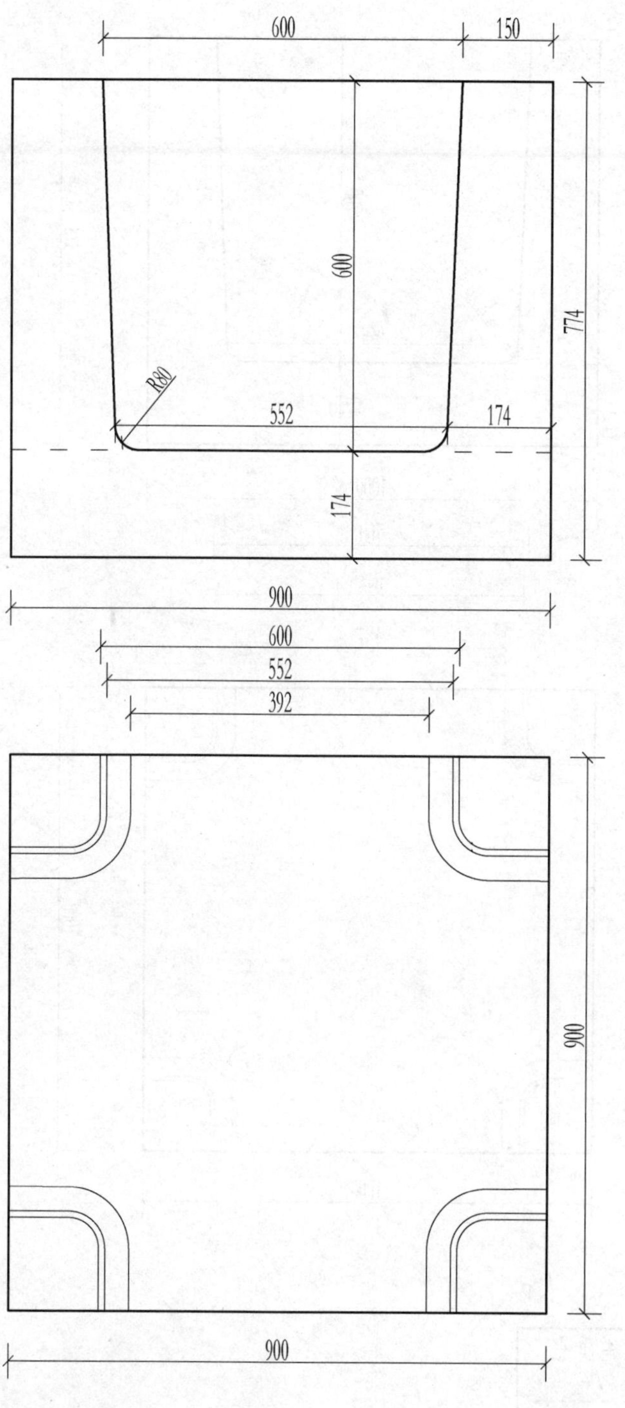

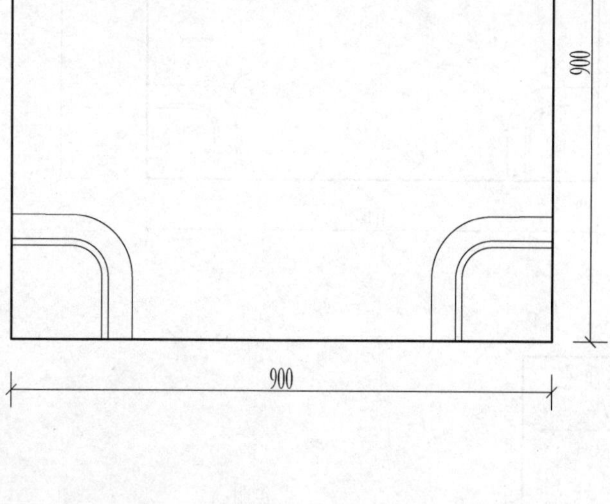

Z600型预制混凝土四通配筋图

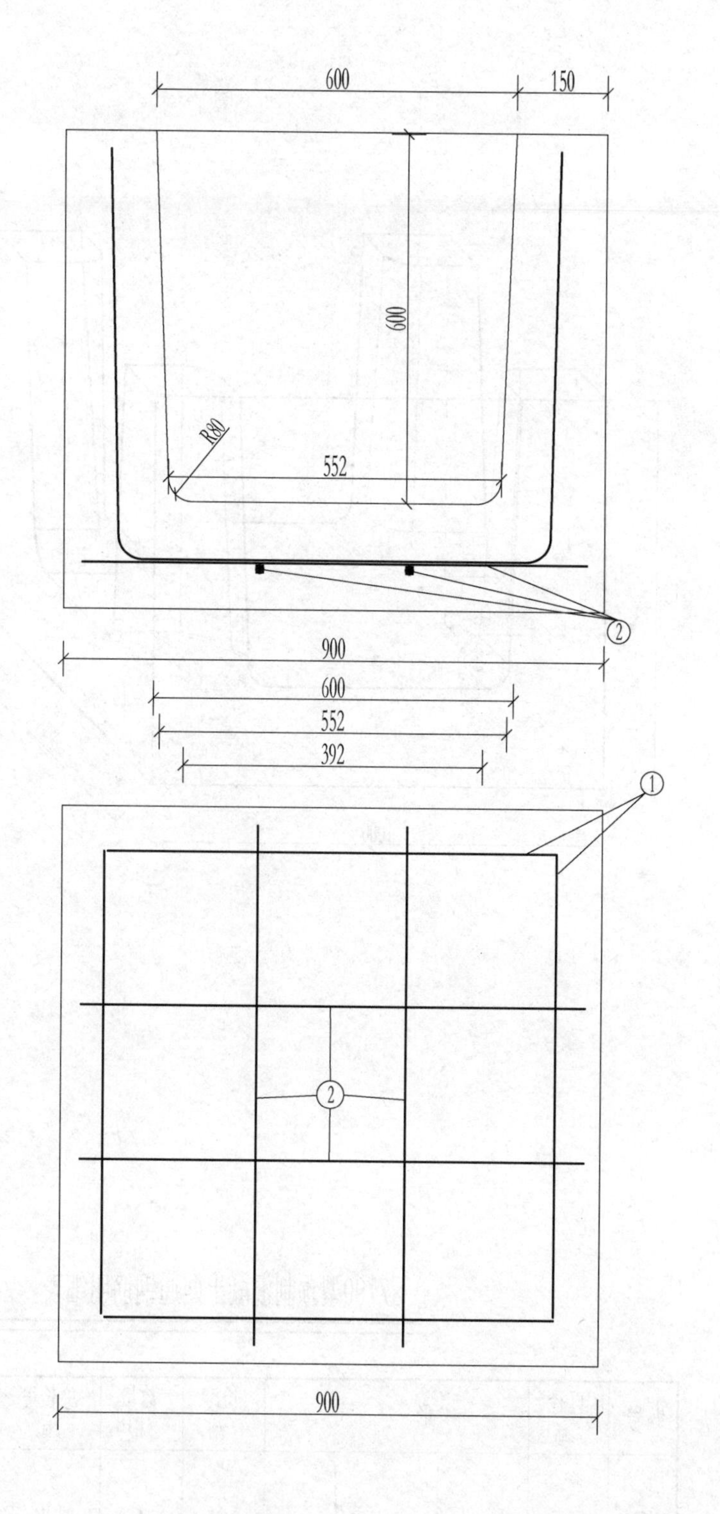

Z600型预制混凝土四通钢筋明细表

编号	直径/mm	形　　式	长度/mm	数量/根	总长度/m	单位质量/(kg/m)	总质量/kg
①	6	620 620 R80 650 125	2140	4	8.56	0.222	1.900
②	6	840	840	4	3.36	0.222	0.746
合　　计							2.646

说明：

1. 图中尺寸均以mm计；
2. 混凝土强度等级C50 F300；
3. 钢筋强度等级为HPB235。

图 号	4-4
图 名	Z600型预制混凝土四通

Z700型预制混凝土四通

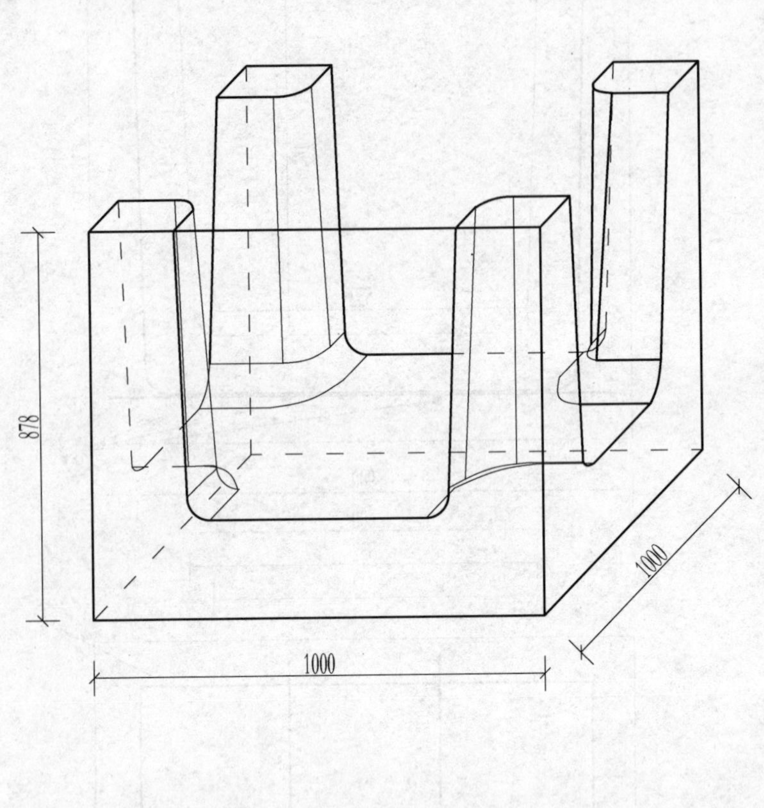

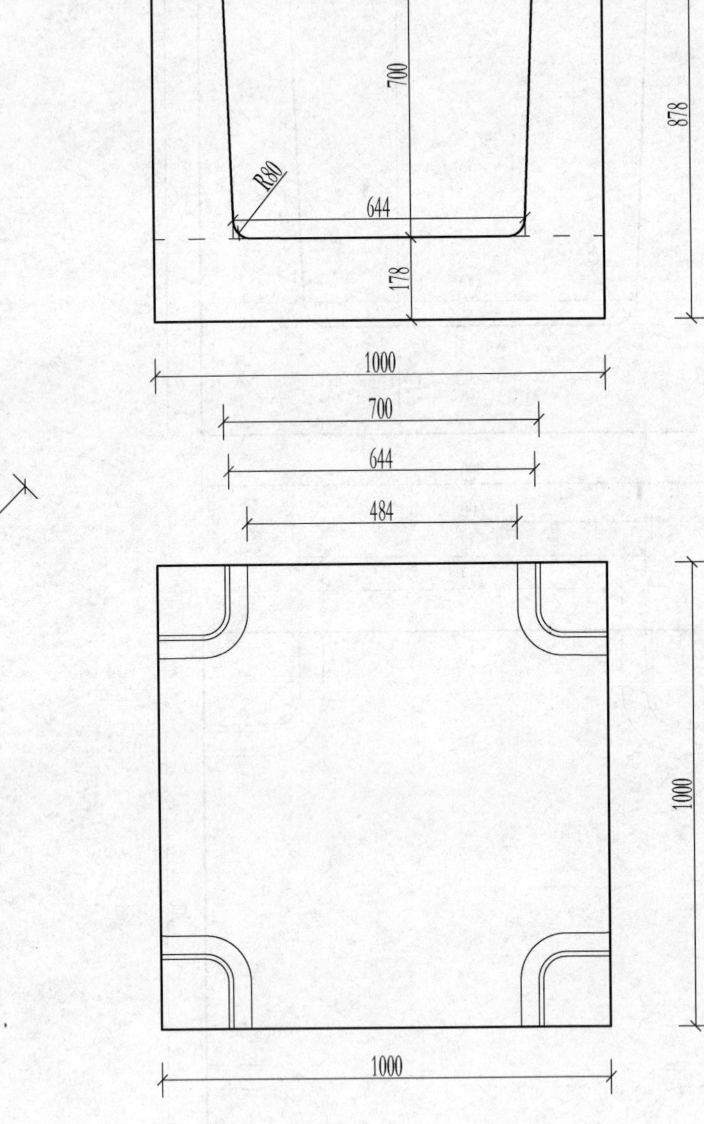

Z700型预制混凝土四通配筋图

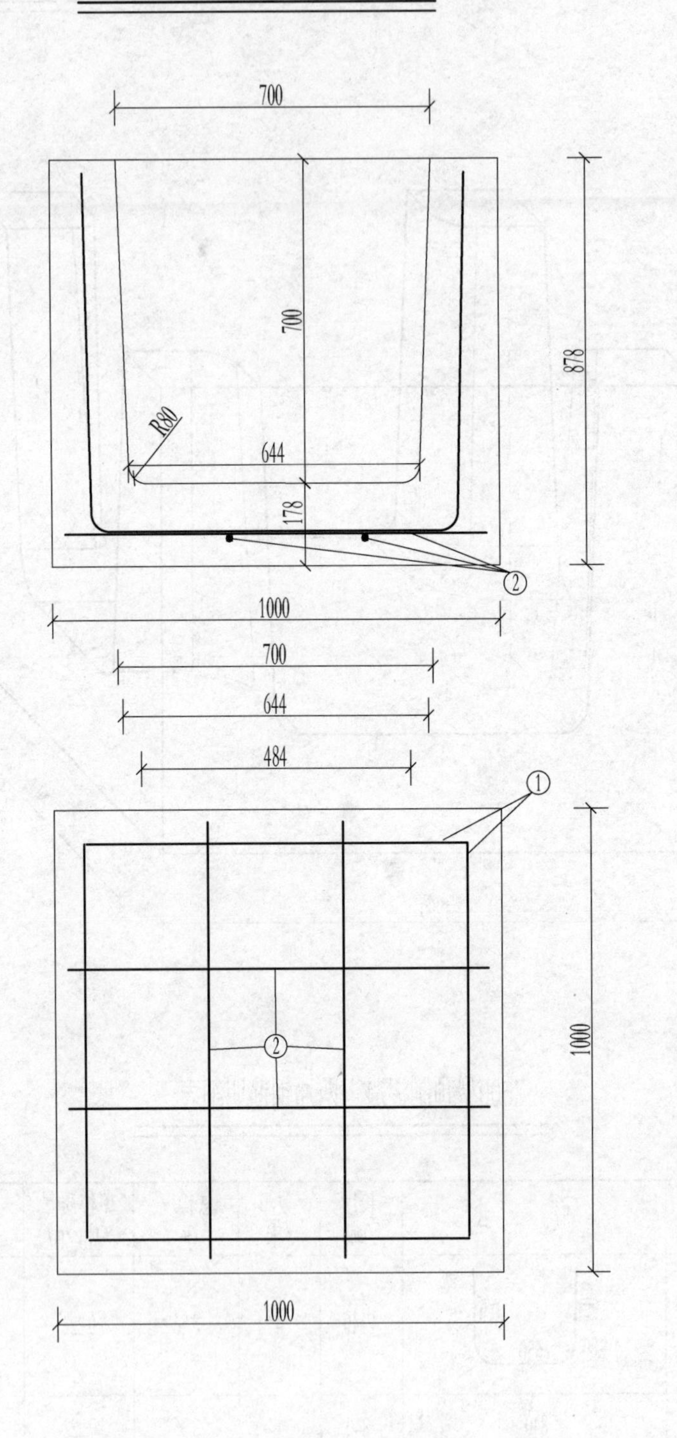

Z700型预制混凝土四通钢筋明细表

编号	直径/mm	形式	长度/mm	数量/根	总长度/m	单位质量/(kg/m)	总质量/kg
①	8	720 720 R80 750 125	2440	4	9.76	0.395	3.855
②	6	940	940	4	3.76	0.222	0.835
合计							4.690

说明：
1.图中尺寸均以mm计；
2.混凝土强度等级C50 F300；
3.钢筋强度等级为HPB235。

图号	4-5
图名	Z700型预制混凝土四通

Z800型预制混凝土四通

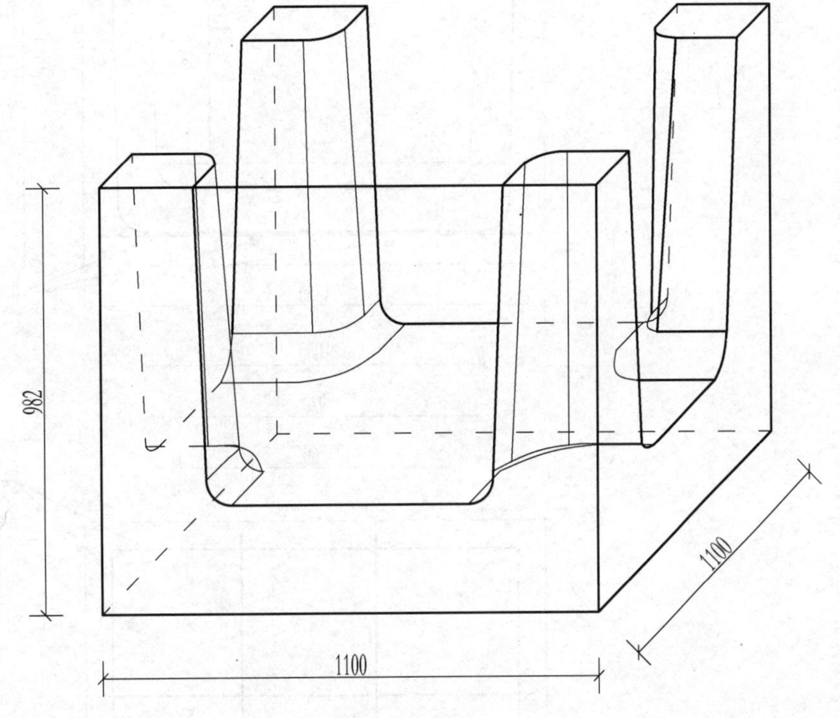

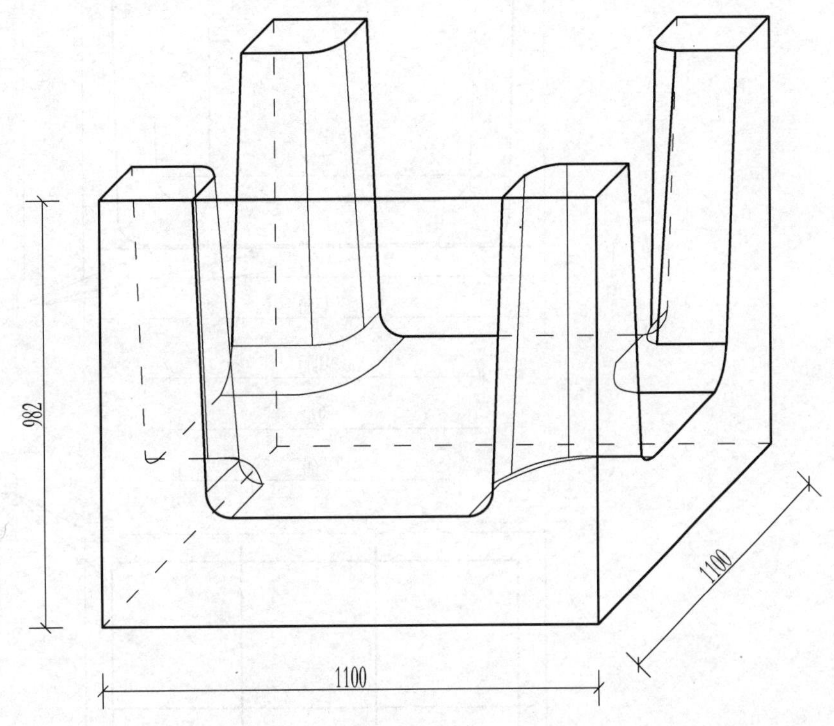

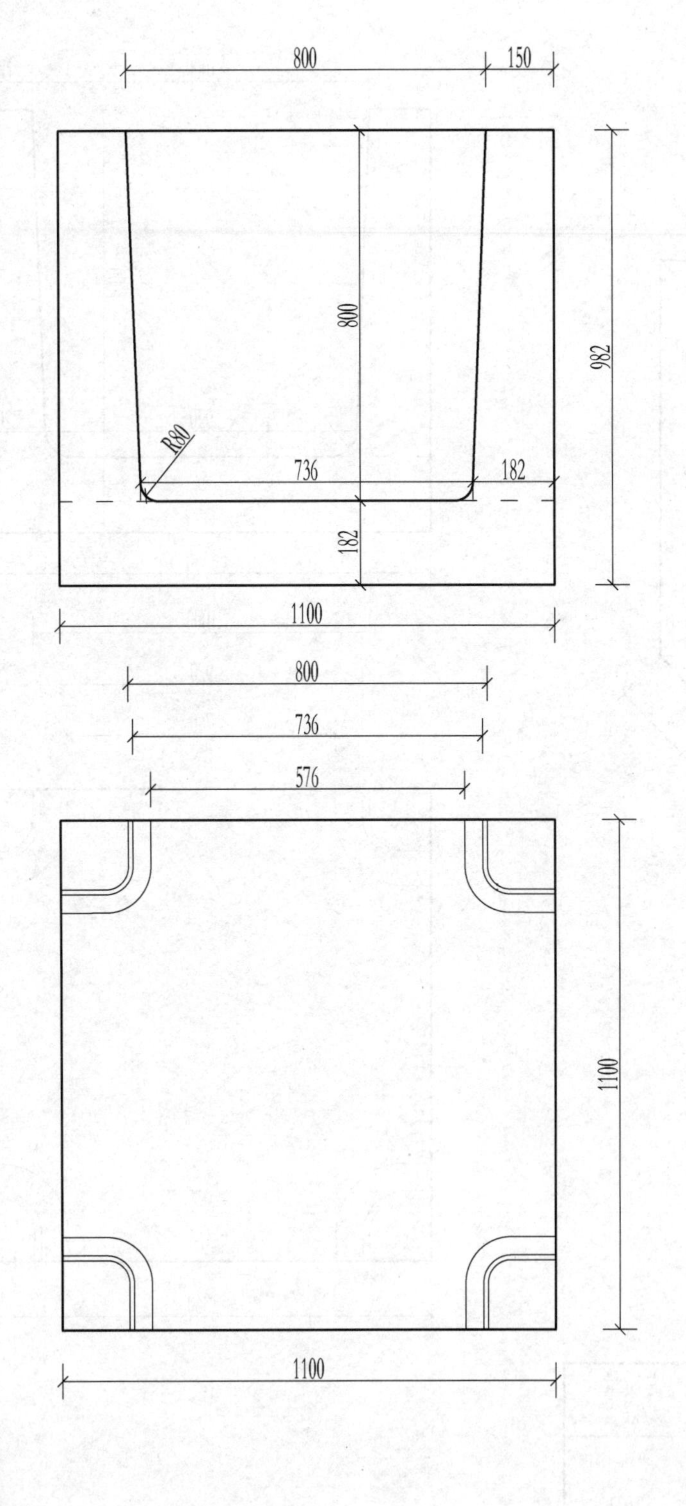

Z800型预制混凝土四通配筋图

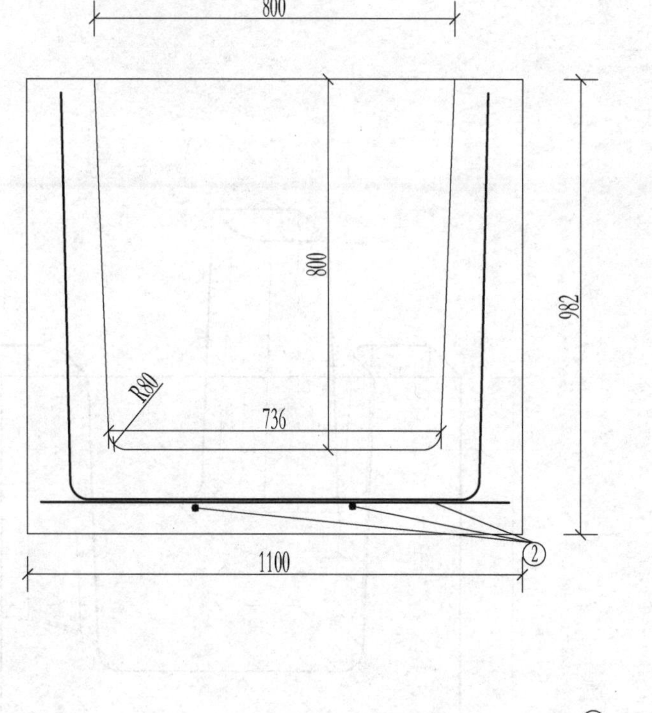

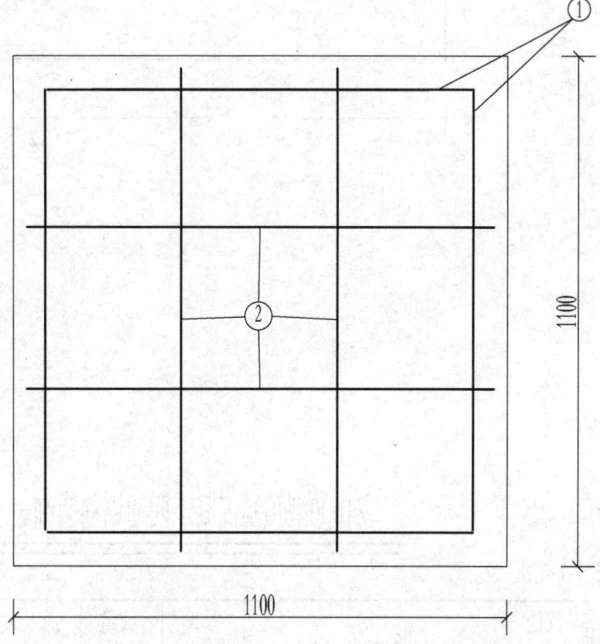

Z800型预制混凝土四通钢筋明细表

编号	直径/mm	形式	长度/mm	数量/根	总长度/m	单位质量/(kg/m)	总质量/kg
①	10	820 820 R80 850 125	2740	4	10.96	0.617	6.762
②	6	1040	1040	4	4.160	0.222	0.924
合计							7.686

说明：
1. 图中尺寸均以mm计；
2. 混凝土强度等级C50 F300；
3. 钢筋强度等级为HPB235。

图号	4-6
图名	Z800型预制混凝土四通

Z1000型预制混凝土四通

Z1000型预制混凝土四通配筋图

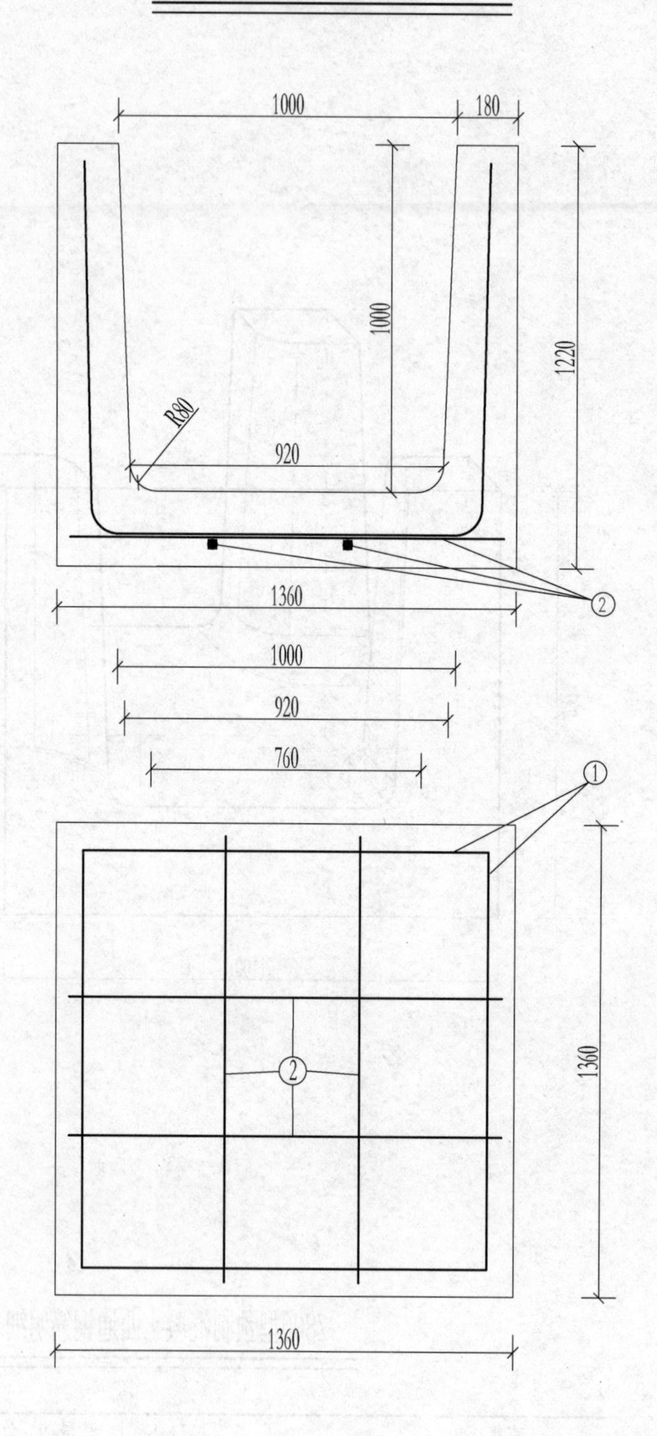

Z1000型预制混凝土四通钢筋明细表

编号	直径/mm	形式	长度/mm	数量/根	总长度/m	单位质量/(kg/m)	总质量/kg
①	12	1050 1050 R80 1050 125	3400	4	13.600	0.888	12.077
②	6	1280	1280	4	5.12	0.222	1.137
合计							13.214

说明：
1. 图中尺寸均以mm计；
2. 混凝土强度等级C50 F300；
3. 钢筋强度等级为HPB235。

图号	4-7
图名	Z1000型预制混凝土四通

第5章

预制混凝土三通

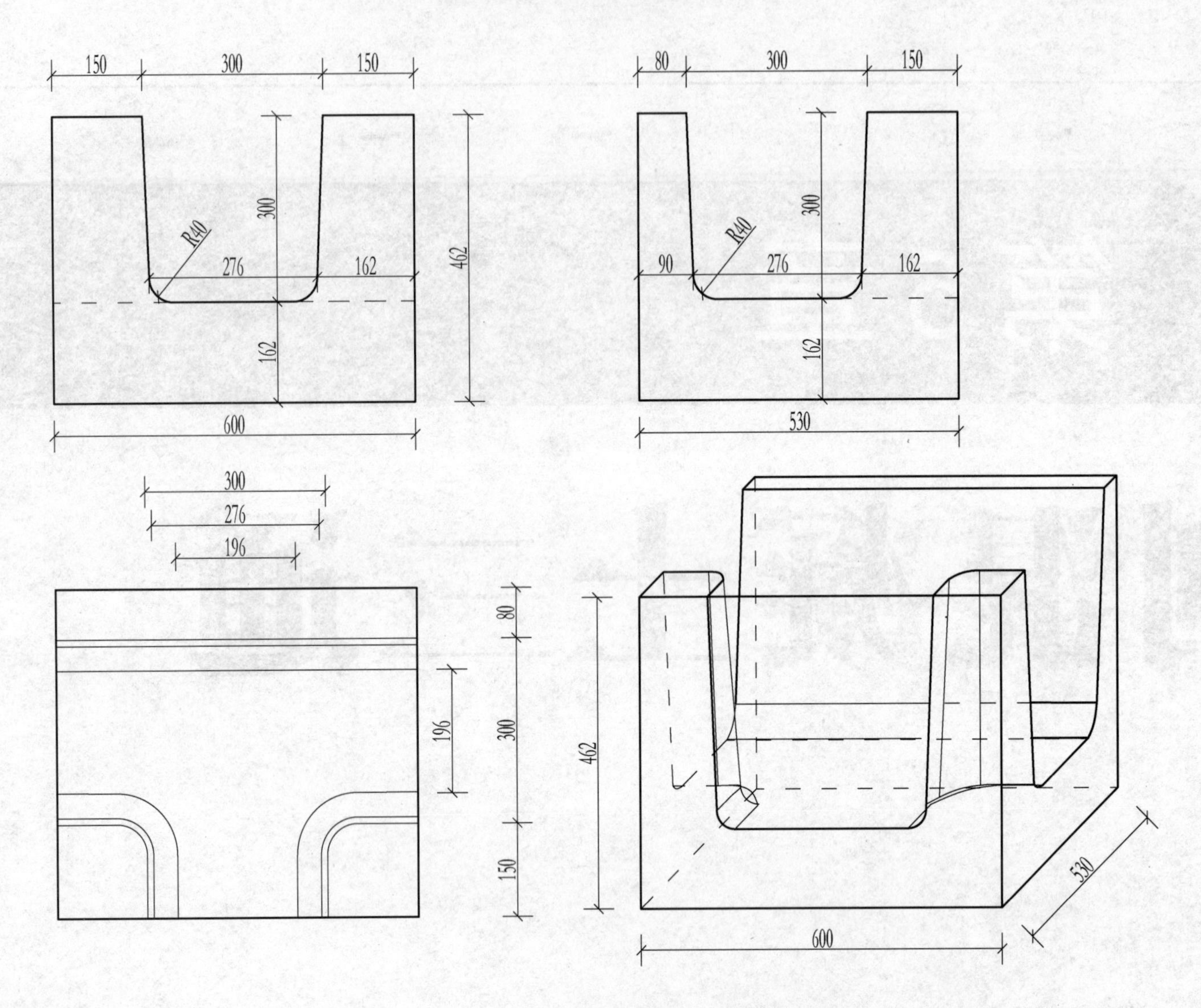

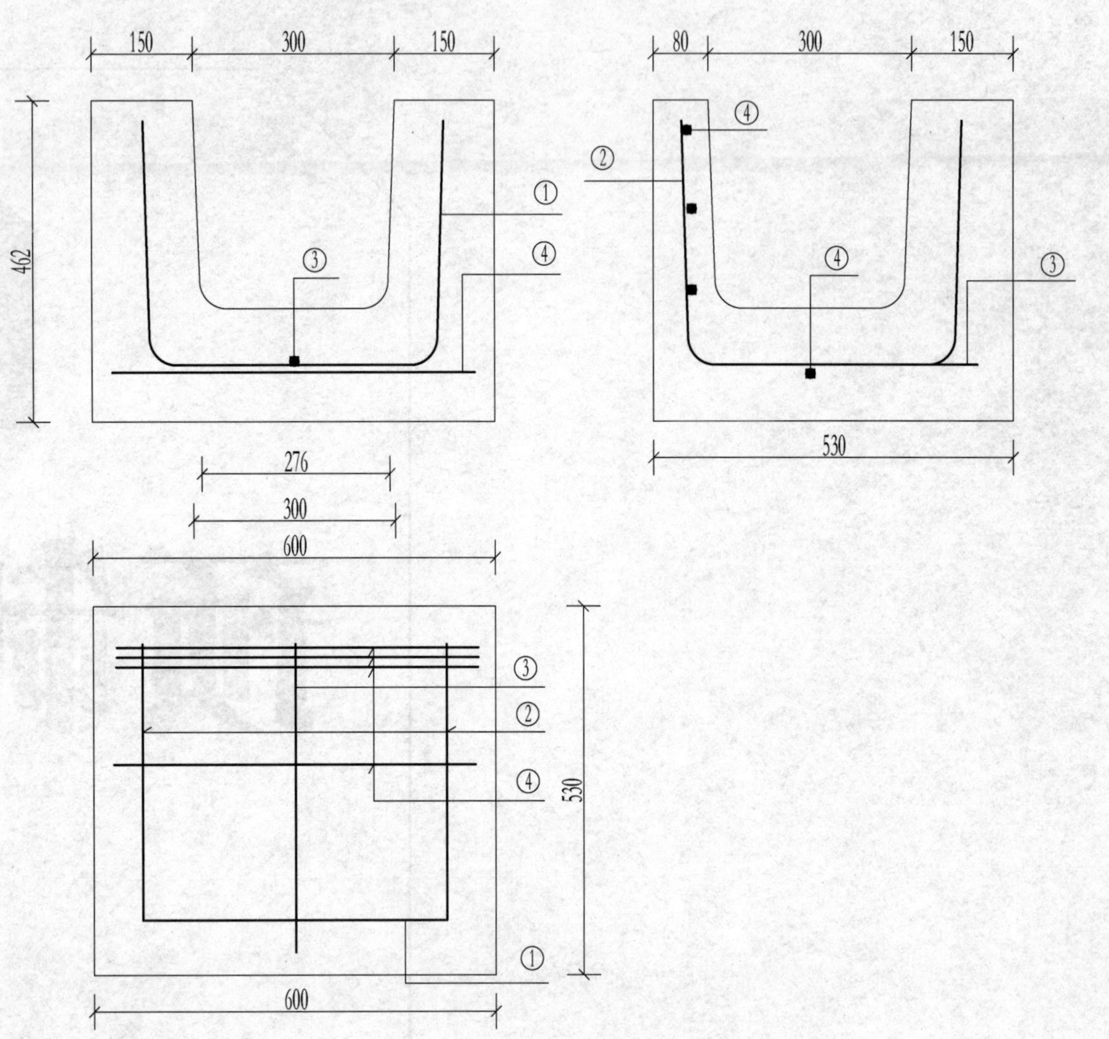

Z300型预制混凝土三通钢筋明细表

编号	直径/mm	形式	长度/mm	数量/根	总长度/m	单位质量/(kg/m)	总质量/kg
①	6	320 320 R40 350 65	1120	1	1.120	0.222	0.249
②	6	320 320 R40 280 65	1050	2	2.100	0.222	0.466
③	6	320 R40 300	685	1	0.685	0.222	0.152
④	6	520	520	4	2.080	0.222	0.461
合 计							1.328

说明：
1. 图中尺寸均以mm计；
2. 混凝土强度等级C50 F300；
3. 钢筋强度等级为HPB235。

图号	5-1
图名	Z300型预制混凝土三通

Z400型预制混凝土三通

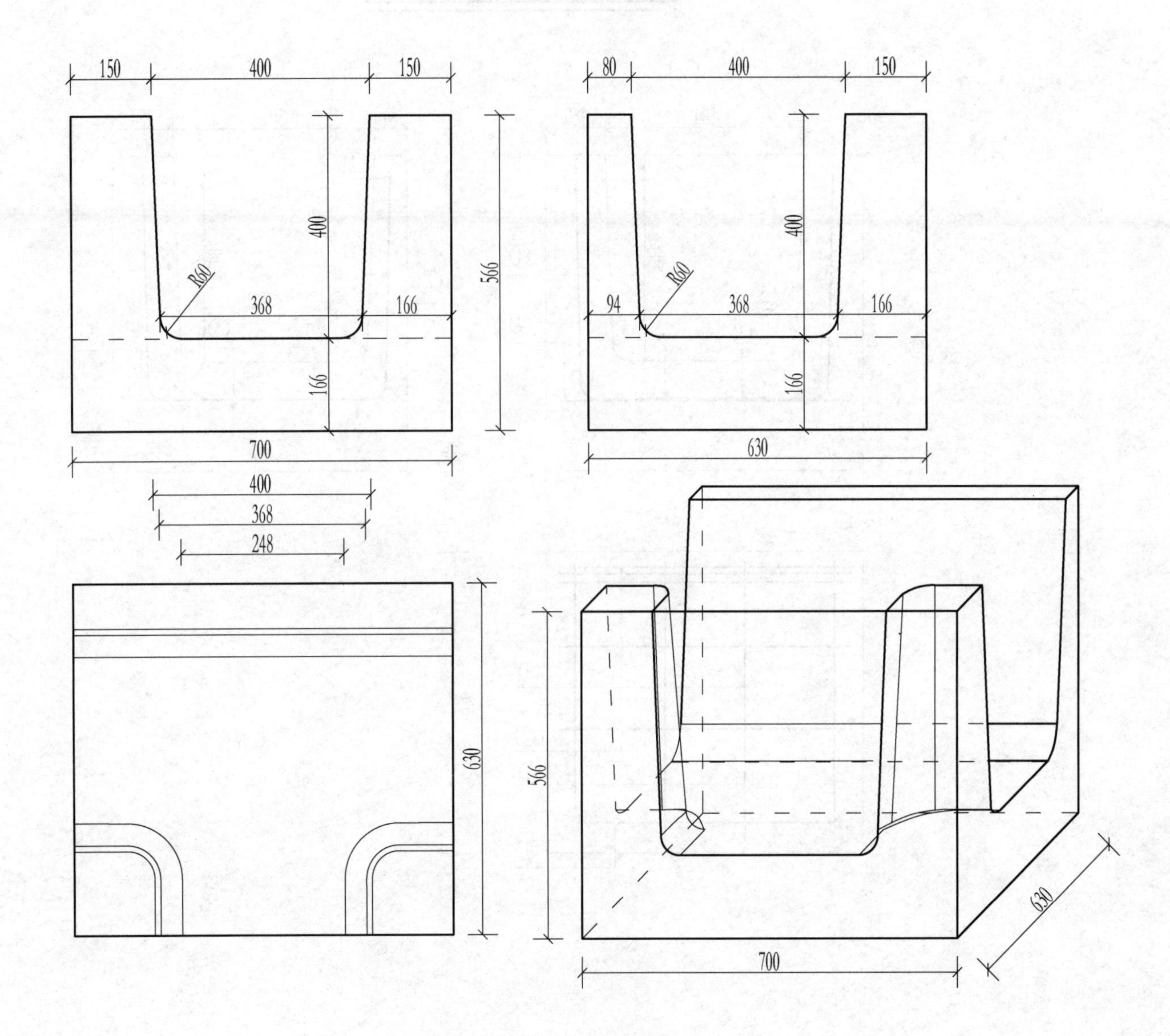

Z400型预制混凝土三通配筋图

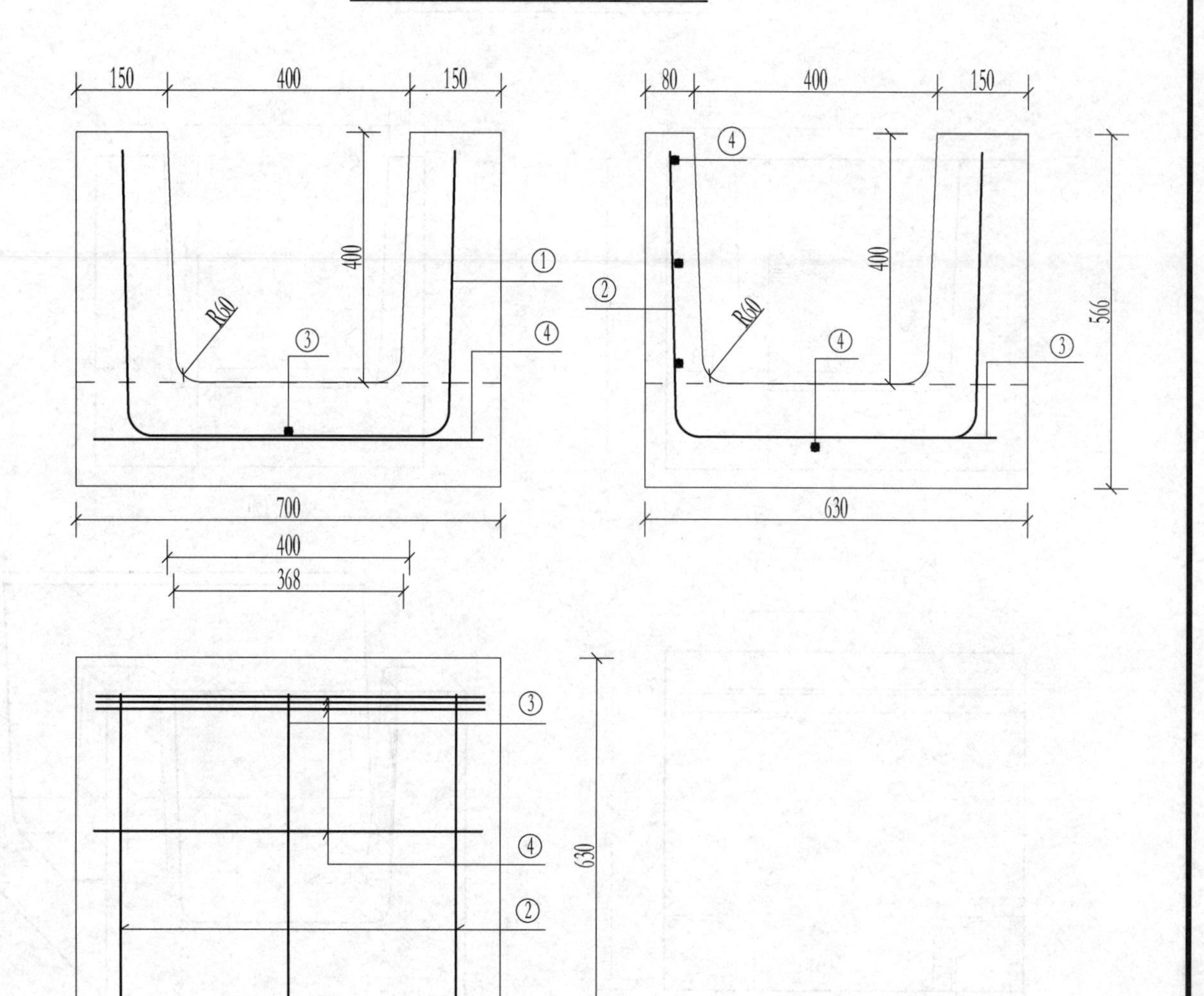

Z400型预制混凝土三通钢筋明细表

编号	直径/mm	形　式	长度/mm	数量/根	总长度/m	单位质量/(kg/m)	总质量/kg
①	6	420 420 R60 450 70	1430	1	1.430	0.222	0.317
②	6	420 420 R60 380 70	1360	2	2.720	0.222	0.604
③	6	420 R60 400	990	1	0.990	0.222	0.220
④	6	640	640	4	2.560	0.222	0.568
合　计							1.709

说明：

1. 图中尺寸均以mm计；
2. 混凝土强度等级C50 F300；
3. 钢筋强度等级为HPB235。

图 号	5-2
图 名	Z400型预制混凝土三通

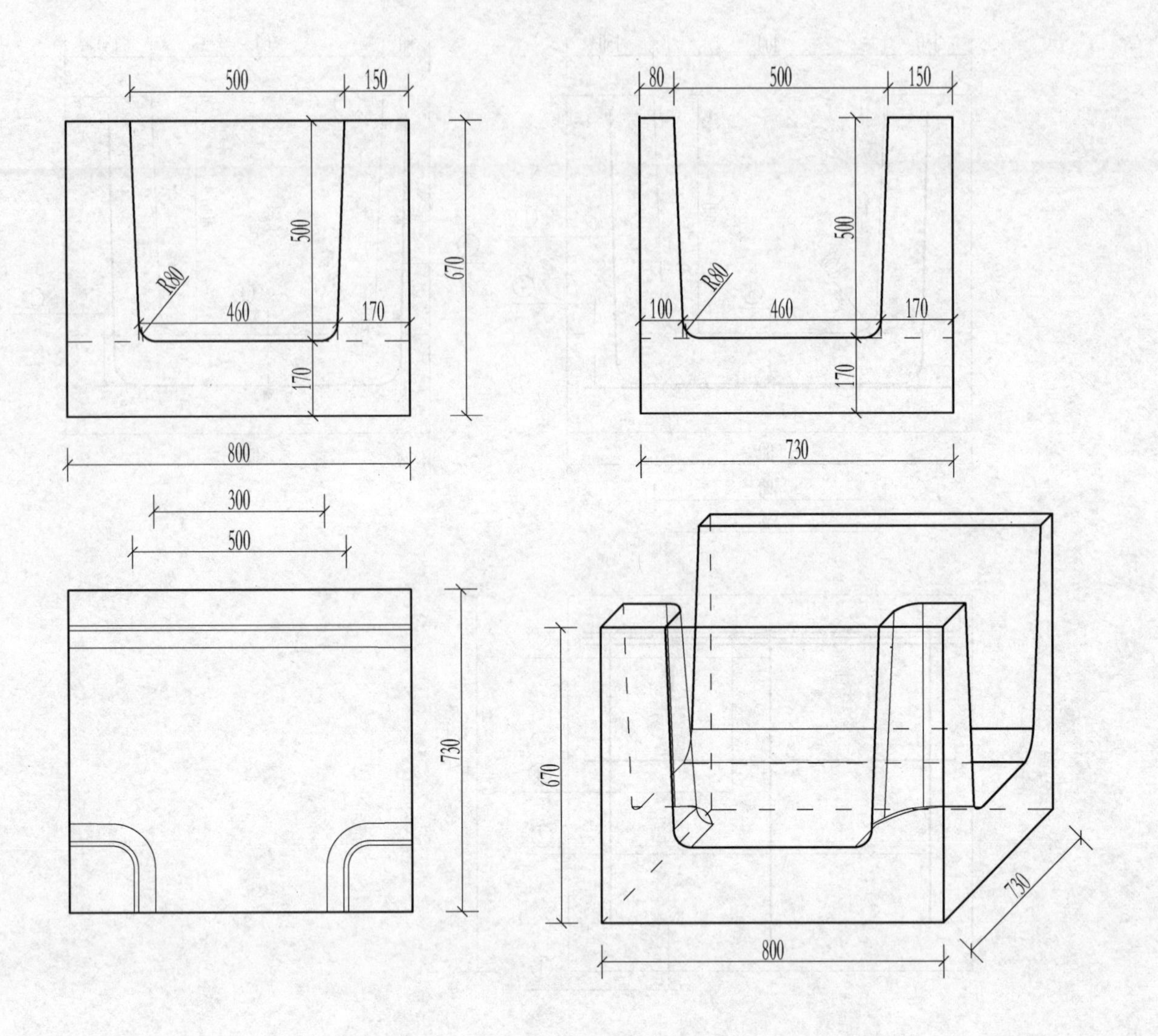

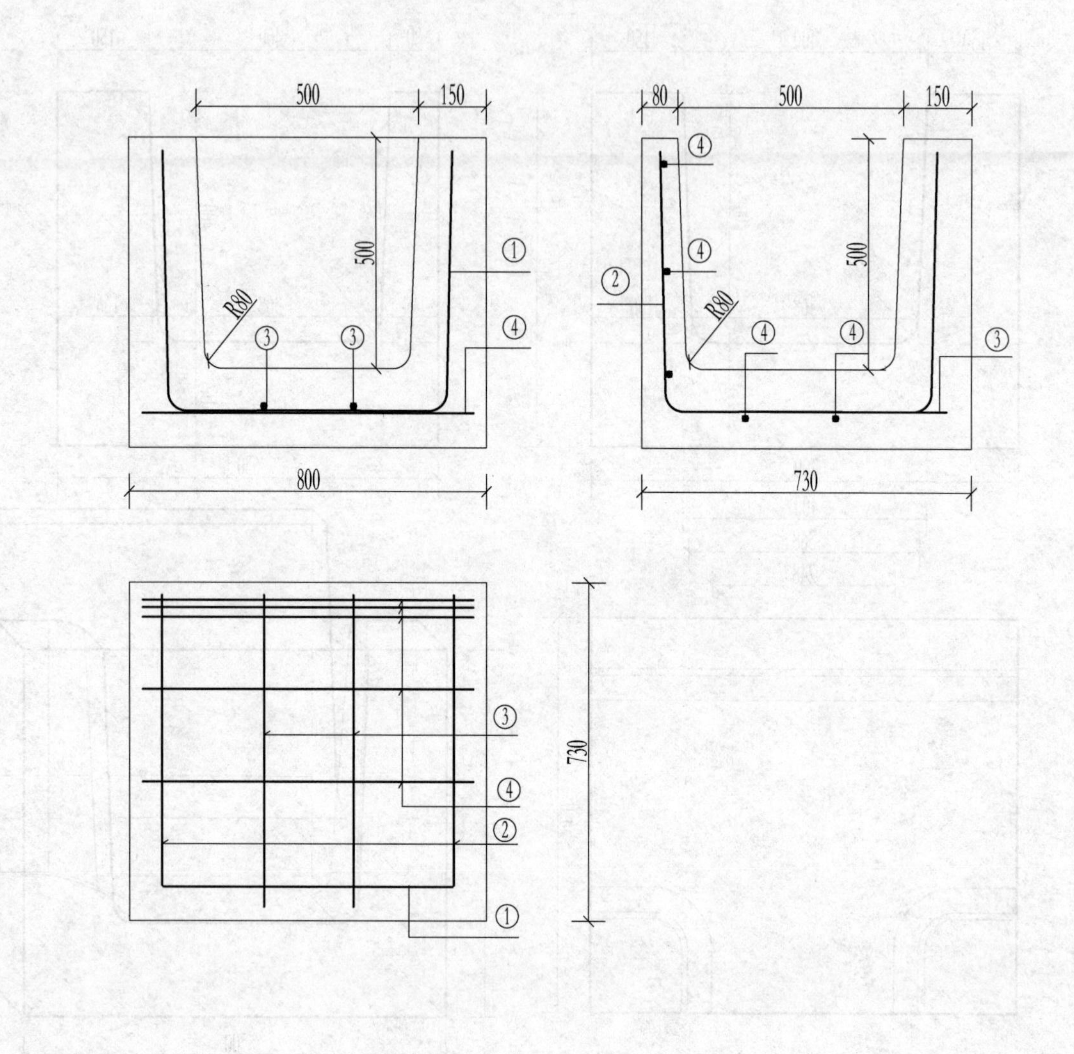

Z500型预制混凝土三通钢筋明细表

编号	直径/mm	形式	长度/mm	数量/根	总长度/m	单位质量/(kg/m)	总质量/kg
①	6	520 520 R80 550 125	1840	1	1.840	0.222	0.408
②	6	520 520 R80 480 125	1770	2	3.54	0.222	0.786
③	6	520 R80 500	1145	2	2.290	0.222	0.508
④	6	740	740	5	3.700	0.222	0.821
合计							2.523

说明：
1. 图中尺寸均以mm计；
2. 混凝土强度等级C50 F300；
3. 钢筋强度等级为HPB235。

图号	5-3
图名	Z500型预制混凝土三通

Z600型预制混凝土三通

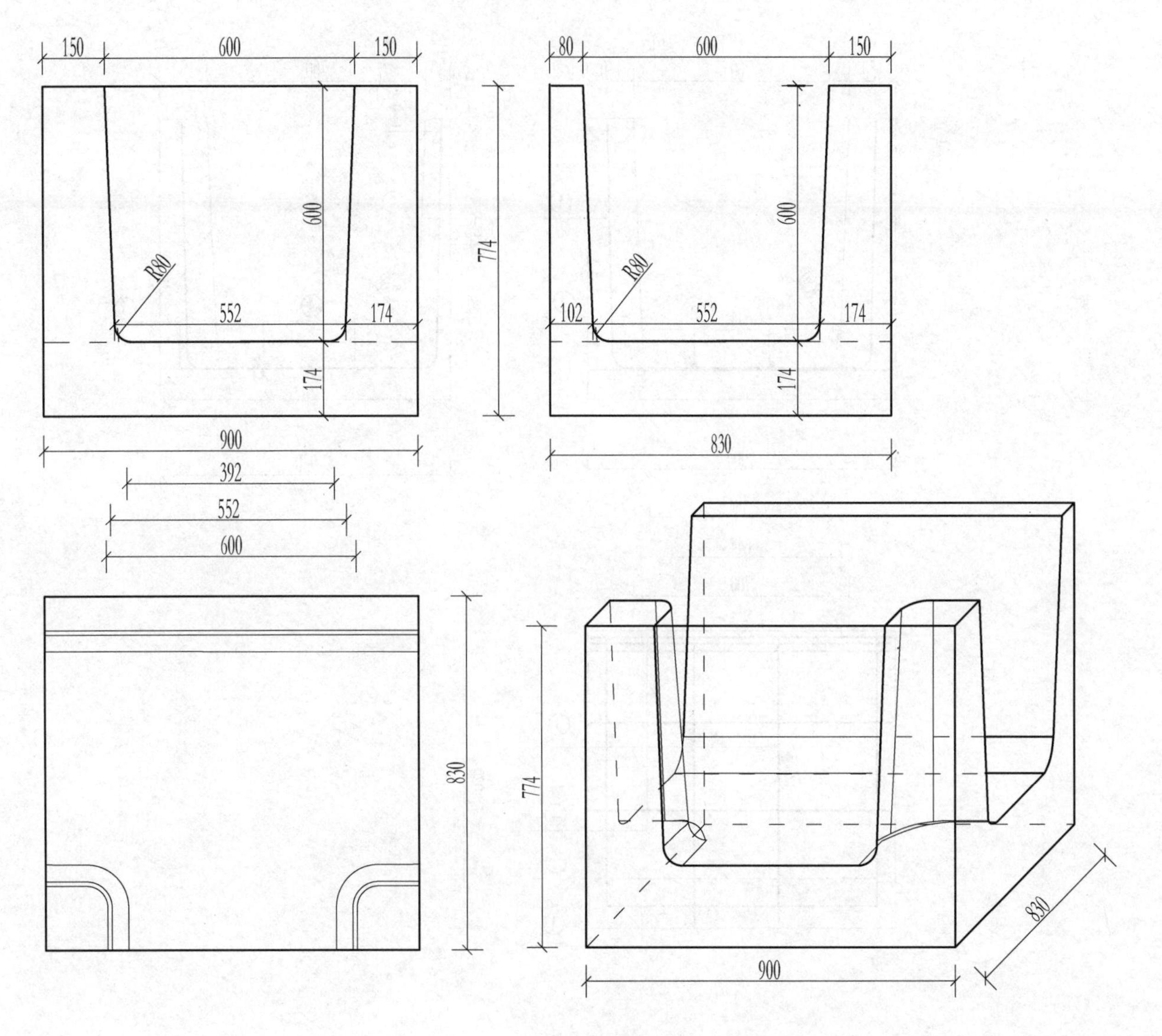

Z600型预制混凝土三通配筋图

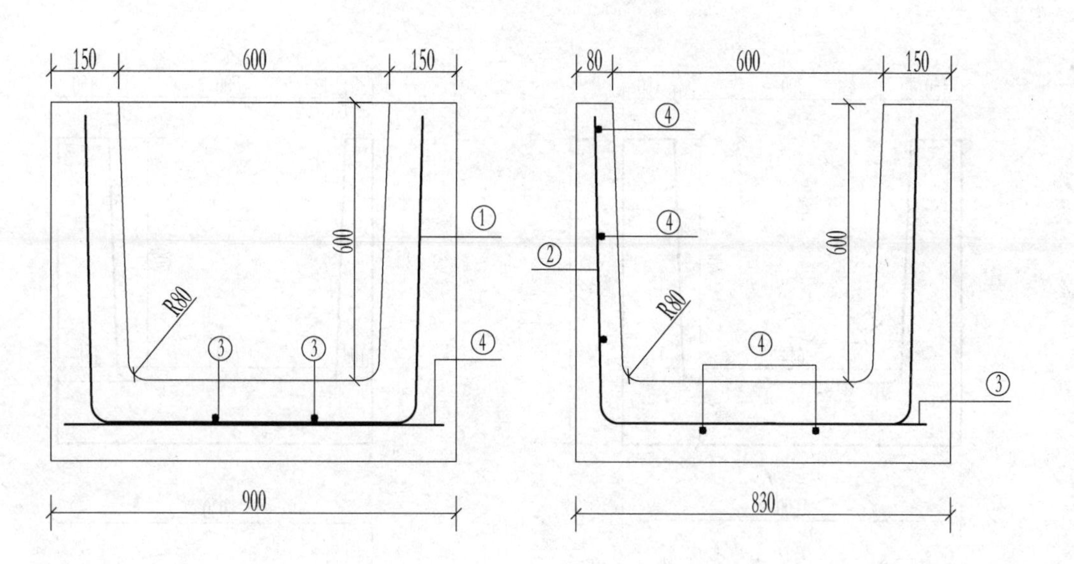

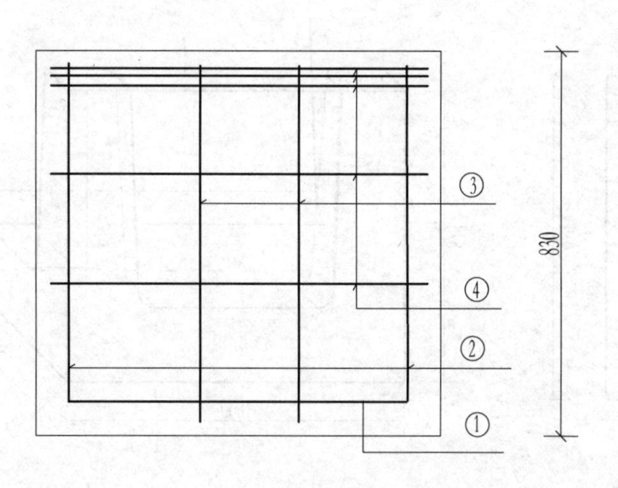

Z600型预制混凝土三通钢筋明细表

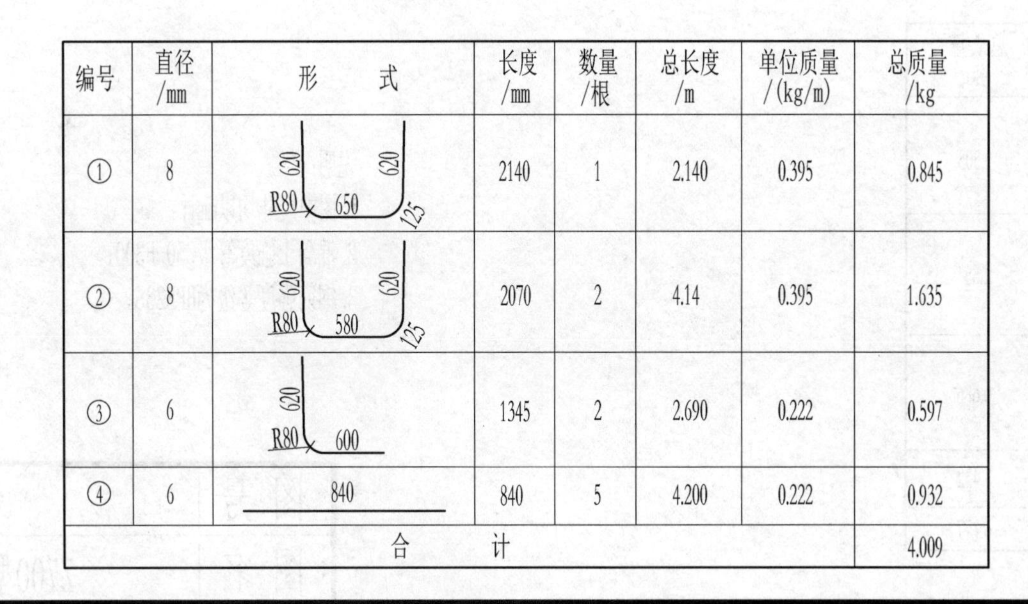

编号	直径/mm	形式	长度/mm	数量/根	总长度/m	单位质量/(kg/m)	总质量/kg
①	8	620 620 R80 650 125	2140	1	2.140	0.395	0.845
②	8	620 620 R80 580 125	2070	2	4.14	0.395	1.635
③	6	620 R80 600	1345	2	2.690	0.222	0.597
④	6	840	840	5	4.200	0.222	0.932
合计							4.009

说明:
1. 图中尺寸均以mm计;
2. 混凝土强度等级C50 F300;
3. 钢筋强度等级为HPB235。

图号	5-4
图名	Z600型预制混凝土三通

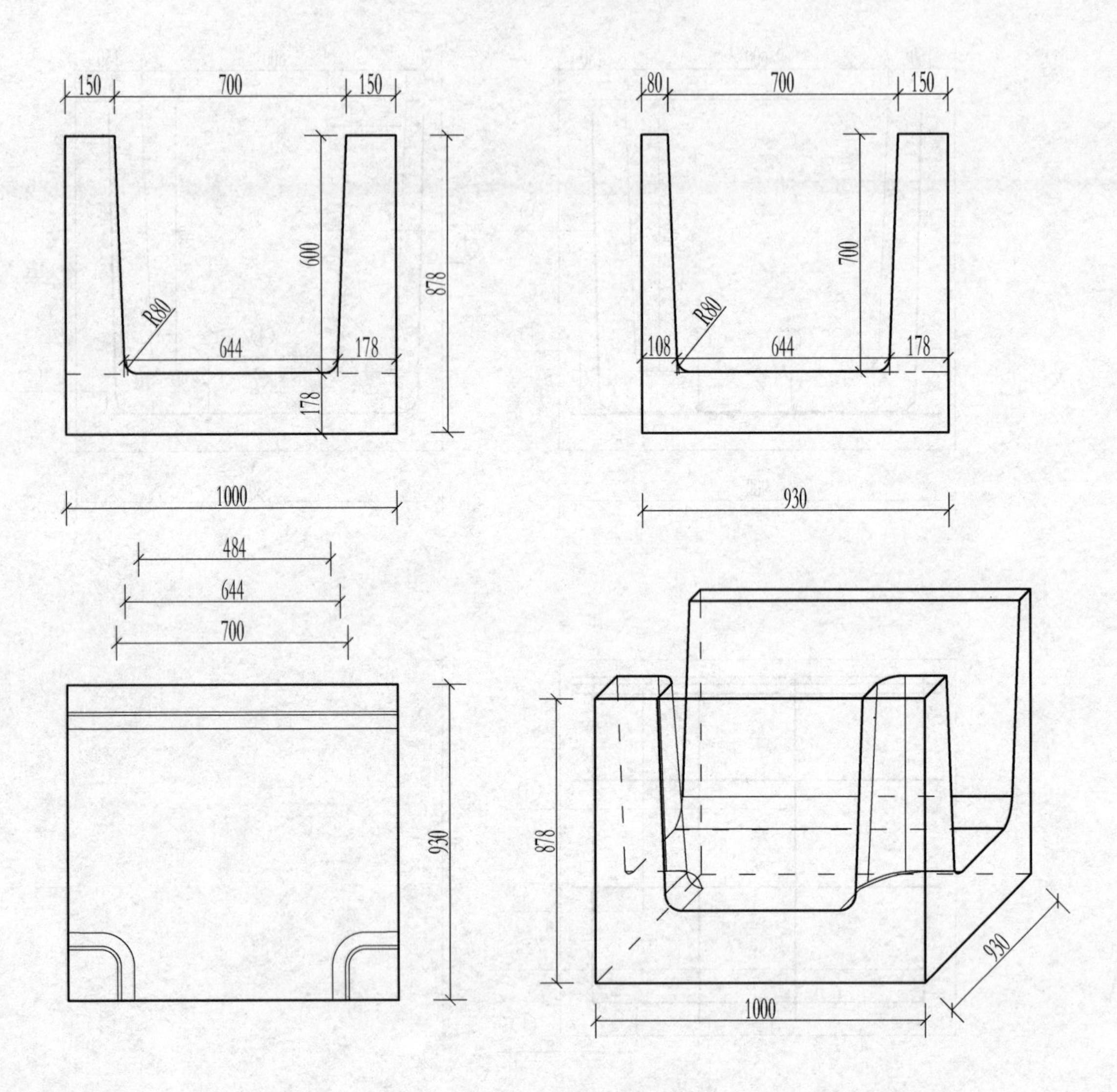

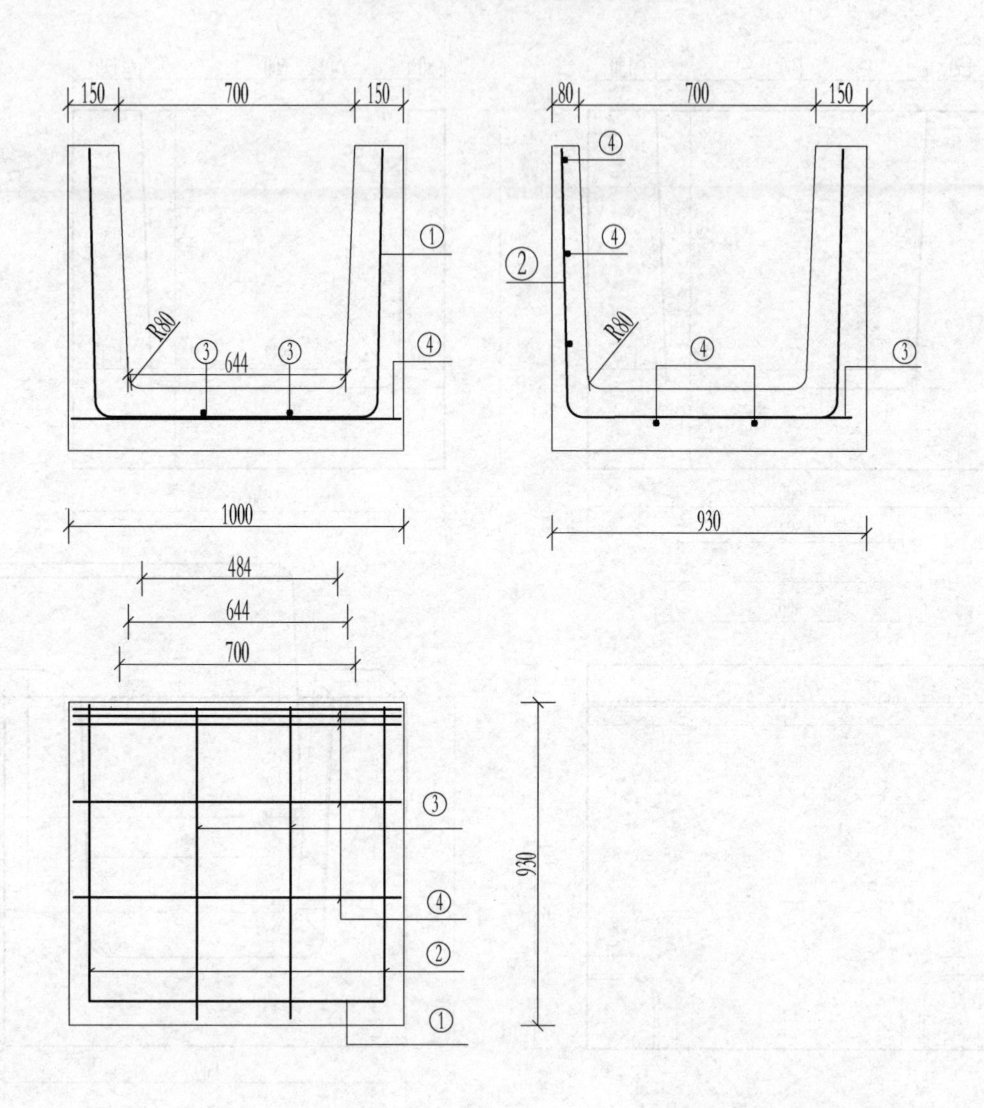

Z700型预制混凝土三通钢筋明细表

编号	直径/mm	形 式	长度/mm	数量/根	总长度/m	单位质量/(kg/m)	总质量/kg
①	10	720 720 R80 750 125	2440	1	2.440	0.617	1.505
②	10	720 720 R80 680 125	2070	2	4.14	0.617	2.554
③	6	720 R80 700	1545	2	3.090	0.222	0.686
④	6	940	940	5	4.700	0.222	1.432
合 计							6.177

说明：

1. 图中尺寸均以mm计；
2. 混凝土强度等级C50 F300；
3. 钢筋强度等级为HPB235。

图 号	5-5
图 名	Z700型预制混凝土三通

Z800型预制混凝土三通

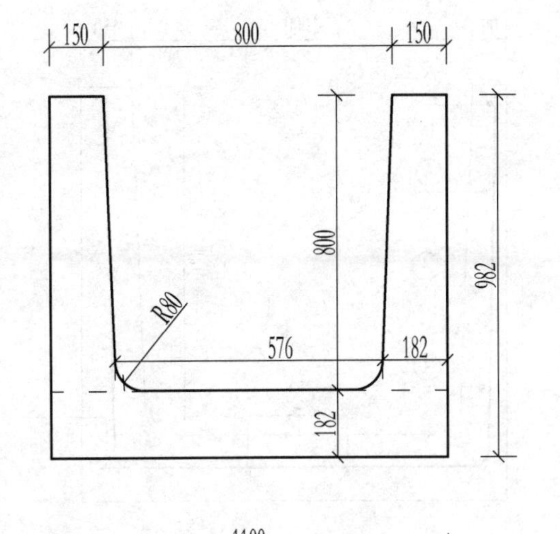

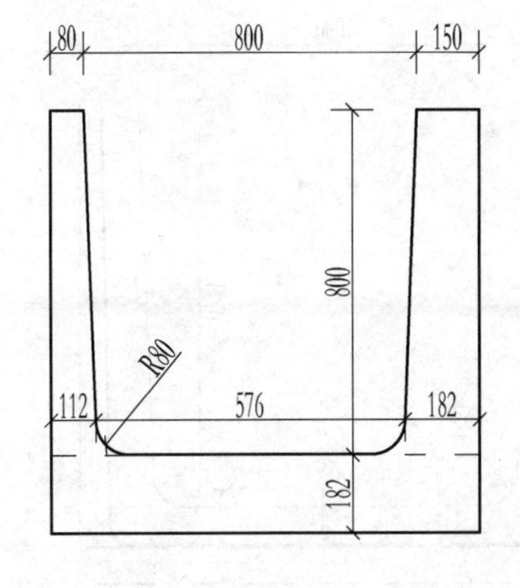

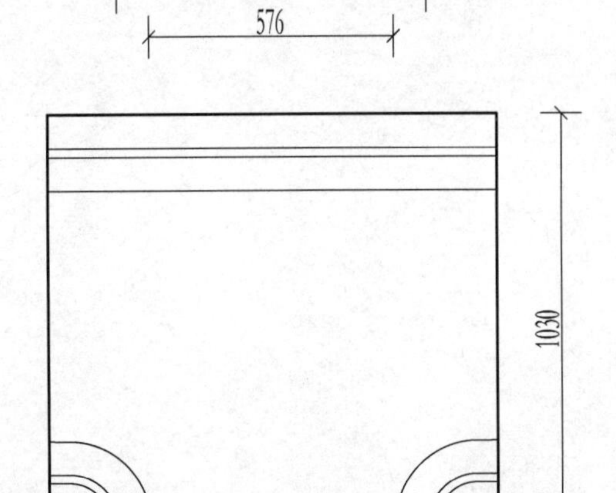

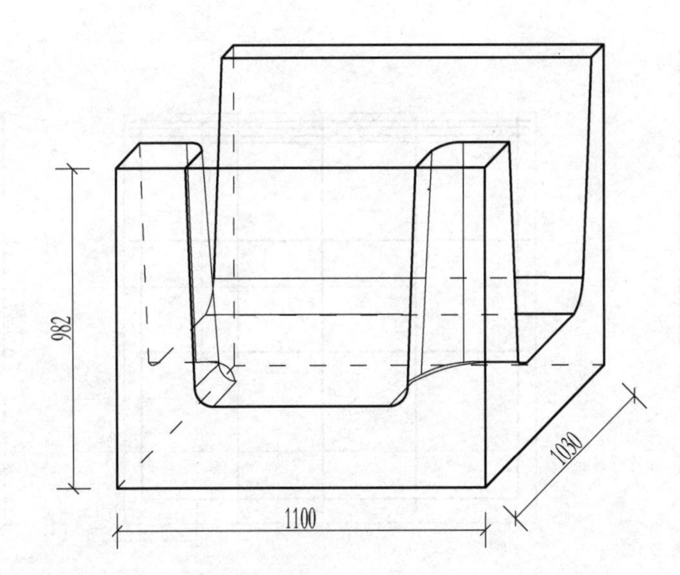

Z800型预制混凝土三通配筋图

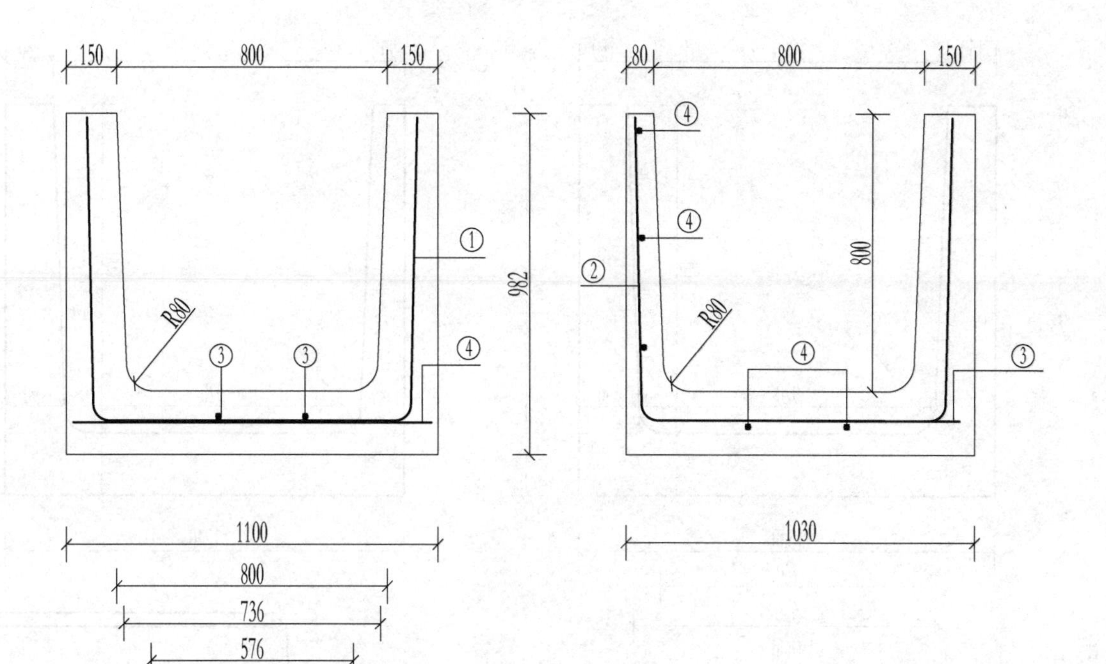

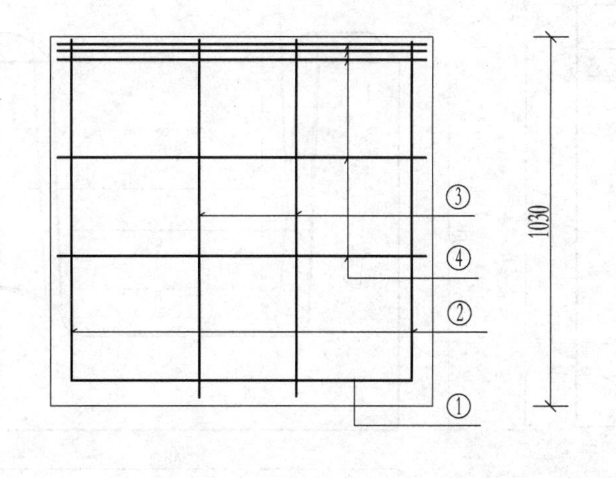

Z800型预制混凝土三通钢筋明细表

编号	直径/mm	形　　式	长度/mm	数量/根	总长度/m	单位质量/(kg/m)	总质量/kg
①	12	820 820 R80 850 125	2740	1	2.740	0.888	2.433
②	12	820 820 R80 780 125	2370	2	4.740	0.888	4.209
③	6	820 R80 800	1745	2	3.490	0.222	0.775
④	6	1040	1040	5	5.200	0.222	1.154
合　　计							8.571

说明：

1. 图中尺寸均以mm计；
2. 混凝土强度等级C50 F300；
3. 钢筋强度等级为HPB235。

图号	5-6
图名	Z800型预制混凝土三通

Z1000型预制混凝土三通

Z1000型预制混凝土三通配筋图

Z1000型预制混凝土三通钢筋明细表

编号	直径/mm	形式	长度/mm	数量/根	总长度/m	单位质量/(kg/m)	总质量/kg
①	14	1020, R80, 1050, 125, 1020	3340	1	3.340	1.21	4.041
②	14	1020, R80, 980, 125, 1020	3270	2	6.540	1.21	7.913
③	6	1020, R80, 1000	2145	3	6.435	0.222	1.429
④	6	1240	1240	6	7.440	0.222	1.652
合计							15.035

说明：

1. 图中尺寸均以mm计；
2. 混凝土强度等级C50 F300；
3. 钢筋强度等级为HPB235。

图号	5-7
图名	Z1000型预制混凝土三通

第6章

预制混凝土弯头

Z300型预制混凝土弯头

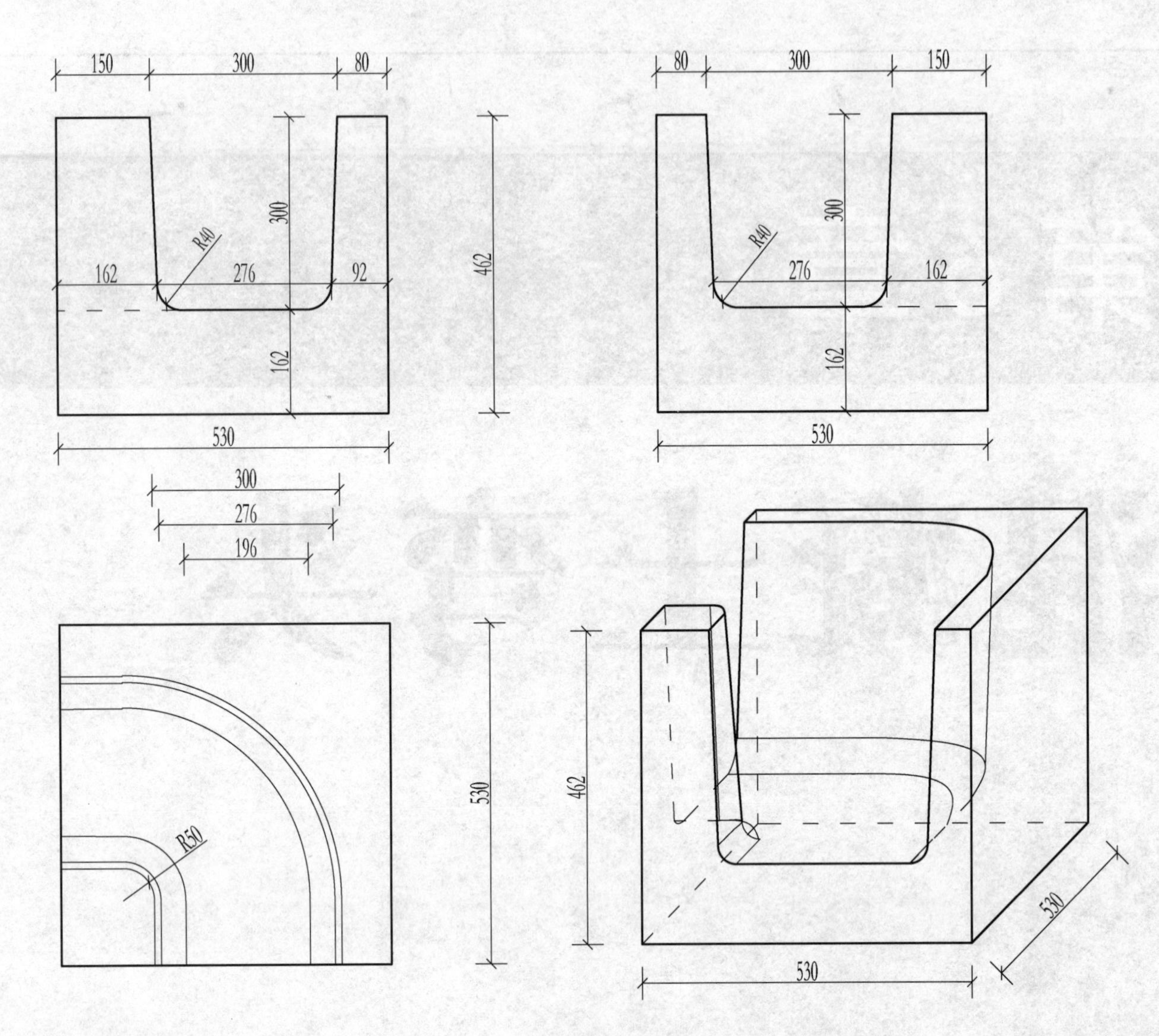

Z300型预制混凝土弯头配筋图

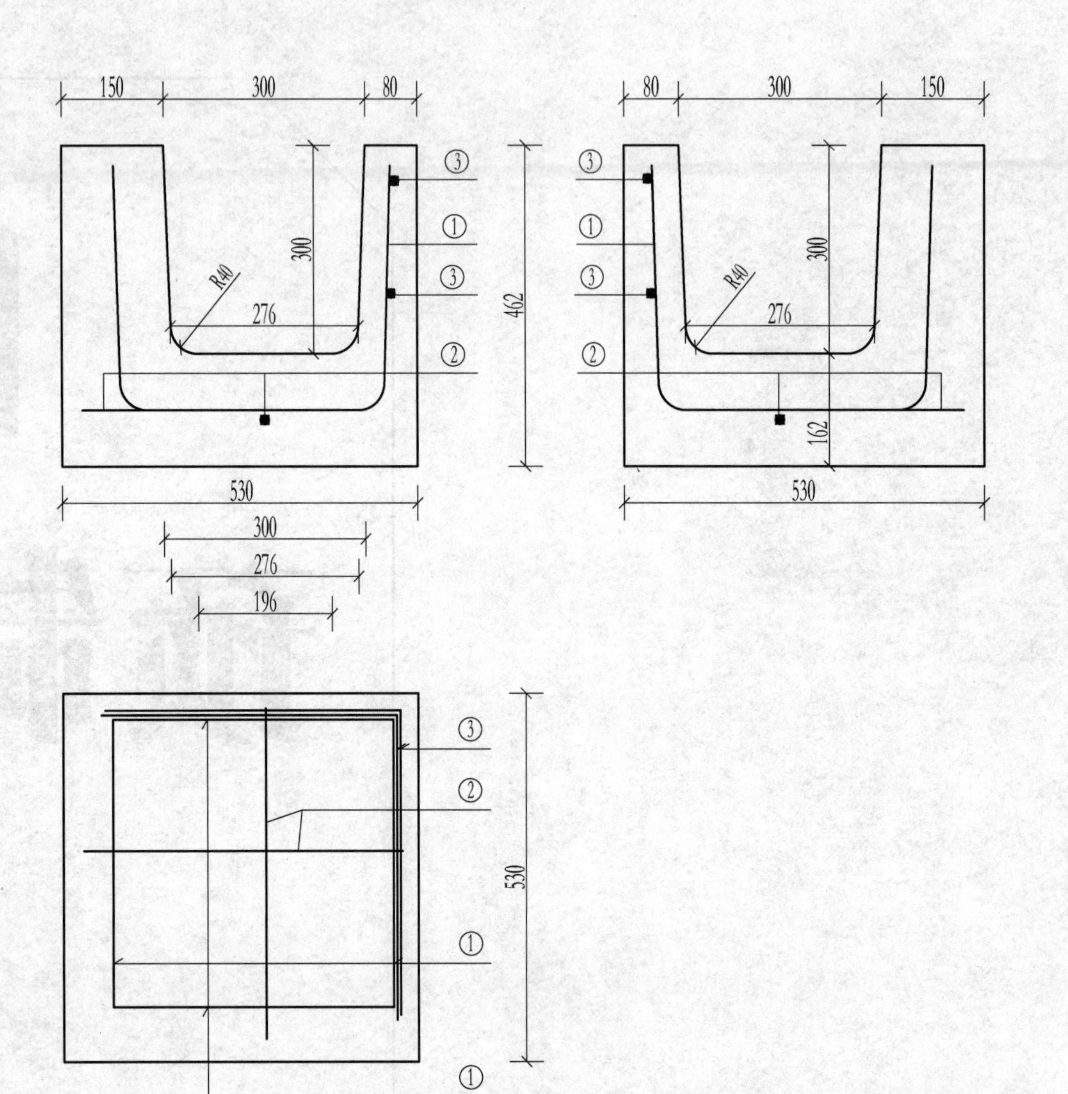

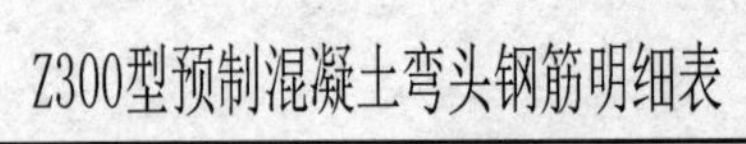

Z300型预制混凝土弯头钢筋明细表

编号	直径/mm	形　式	长度/mm	数量/根	总长度/m	单位质量/(kg/m)	总质量/kg
①	6	320 320 R40 350 65	1120	4	2.170	0.222	0.482
②	6	320 400 65	785	2	1.570	0.222	0.349
③	6	430 R40 430	925	2	1.850	0.222	0.411
合　计							1.242

说明：

1. 图中尺寸均以mm计；
2. 混凝土强度等级C50 F300；
3. 钢筋强度等级为HPB235。

图 号	6-1
图 名	Z300型预制混凝土弯头

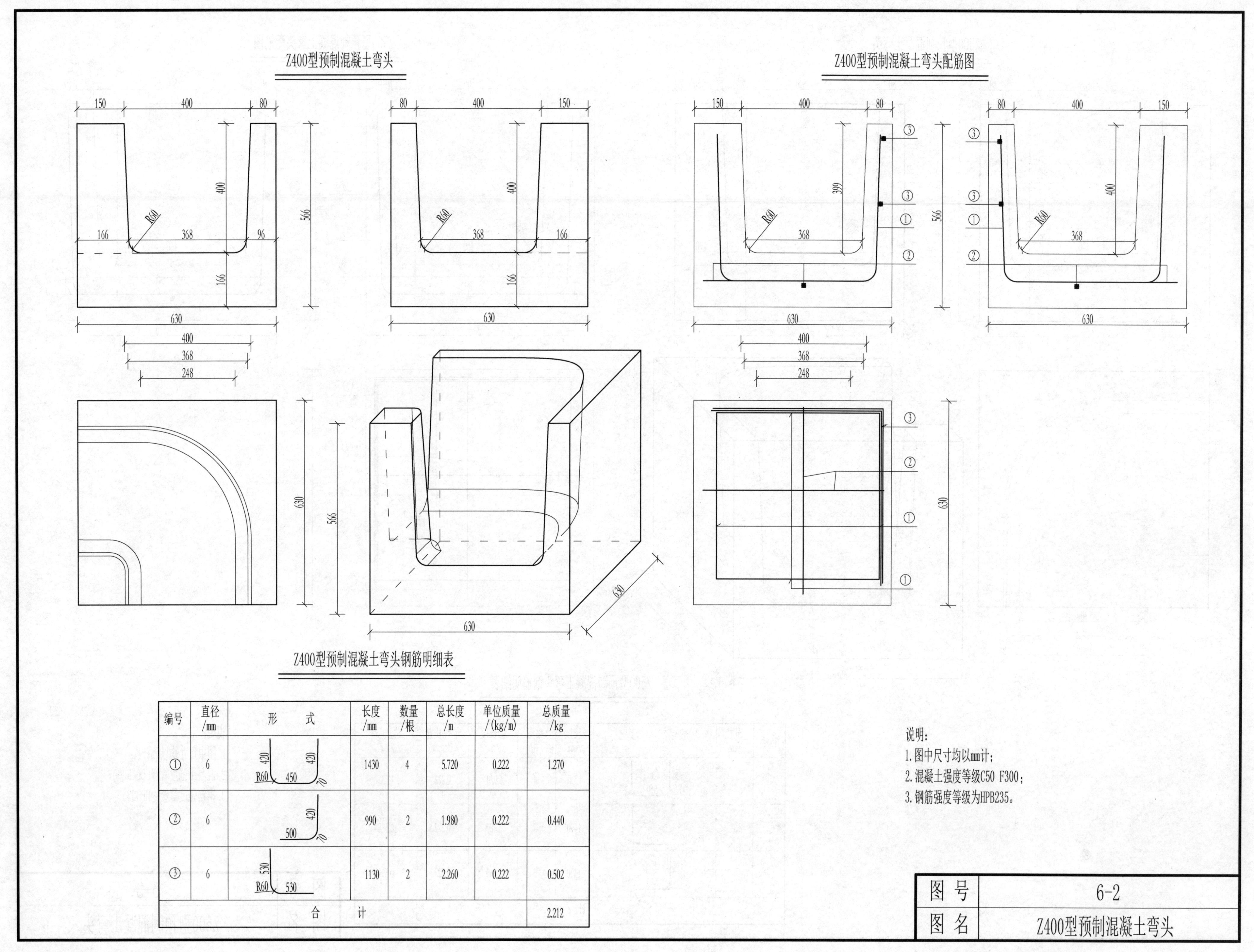

编号	直径/mm	形式	长度/mm	数量/根	总长度/m	单位质量/(kg/m)	总质量/kg
①	6	420 420 R60 450 70	1430	4	5.720	0.222	1.270
②	6	420 500 70	990	2	1.980	0.222	0.440
③	6	530 R60 530	1130	2	2.260	0.222	0.502
合计							2.212

说明：
1. 图中尺寸均以mm计；
2. 混凝土强度等级C50 F300；
3. 钢筋强度等级为HPB235。

图号	6-2
图名	Z400型预制混凝土弯头

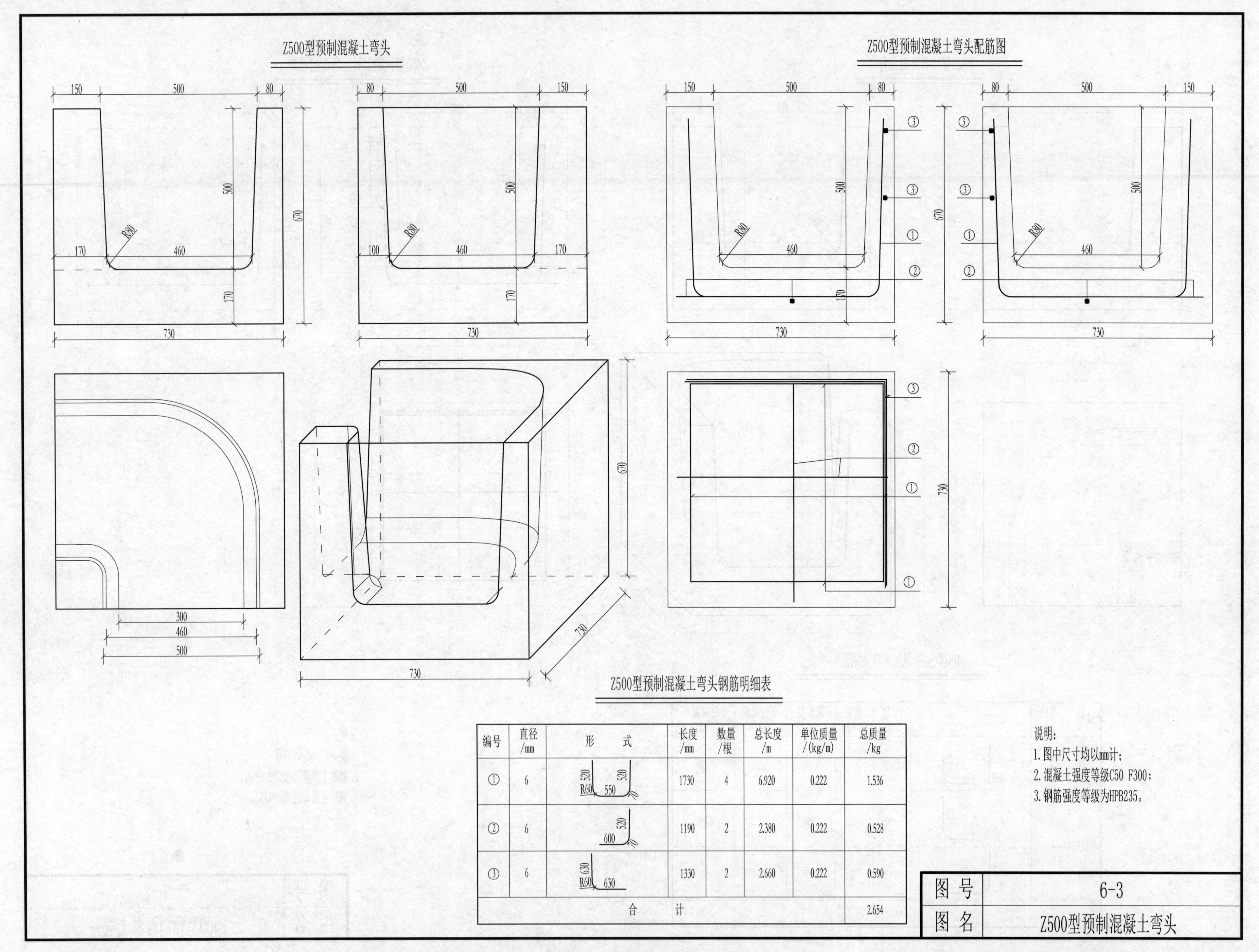

Z500型预制混凝土弯头钢筋明细表

编号	直径/mm	形　　式	长度/mm	数量/根	总长度/m	单位质量/(kg/m)	总质量/kg
①	6	520 520 R60 550	1730	4	6.920	0.222	1.536
②	6	520 600	1190	2	2.380	0.222	0.528
③	6	630 R60 630	1330	2	2.660	0.222	0.590
合　　计							2.654

说明：

1. 图中尺寸均以mm计；
2. 混凝土强度等级C50 F300；
3. 钢筋强度等级为HPB235。

图号	6-3
图名	Z500型预制混凝土弯头

Z600型预制混凝土弯头

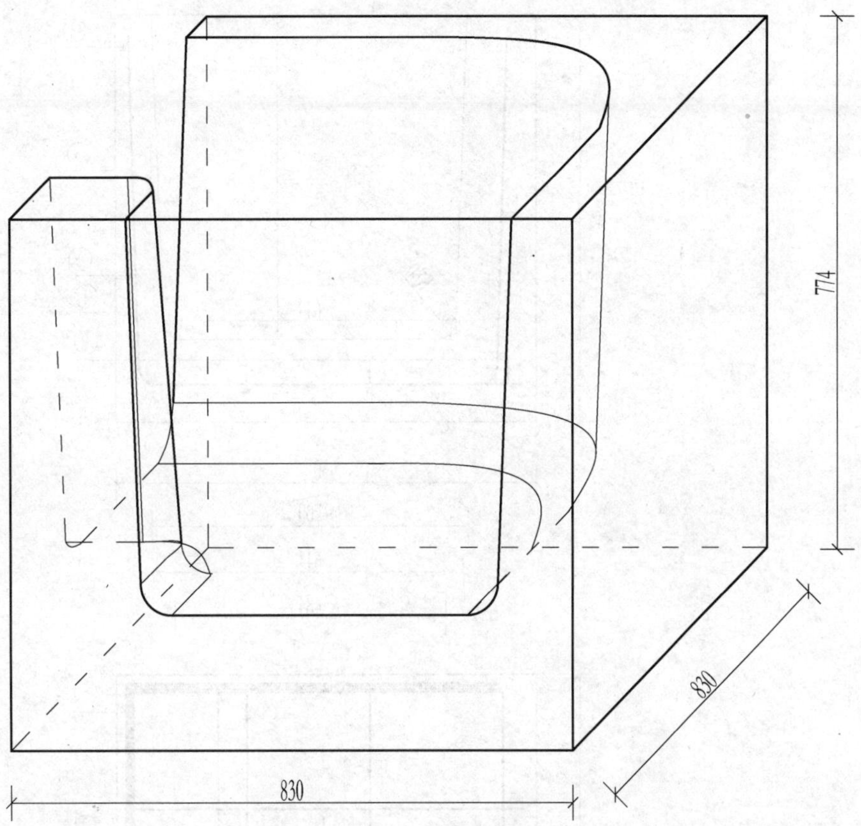

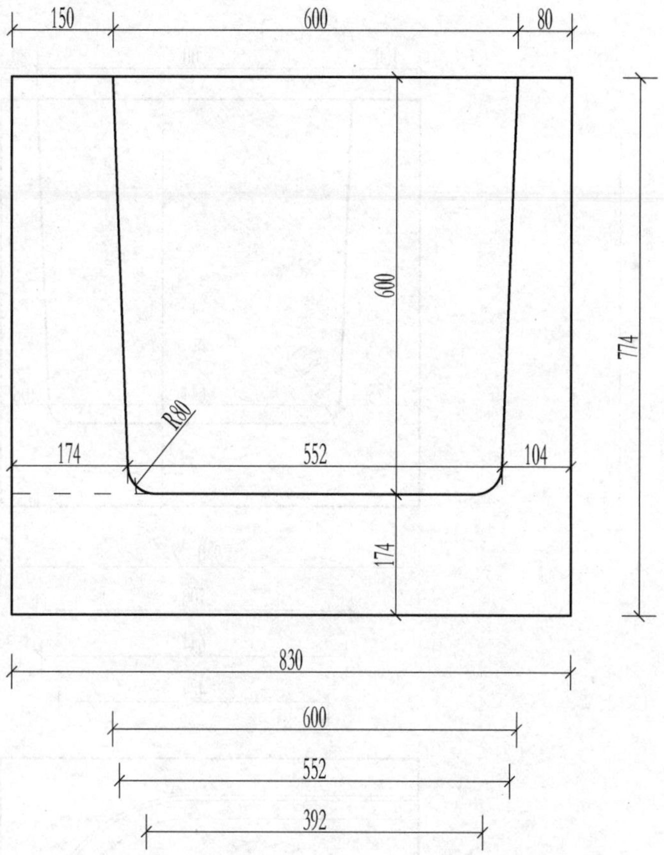

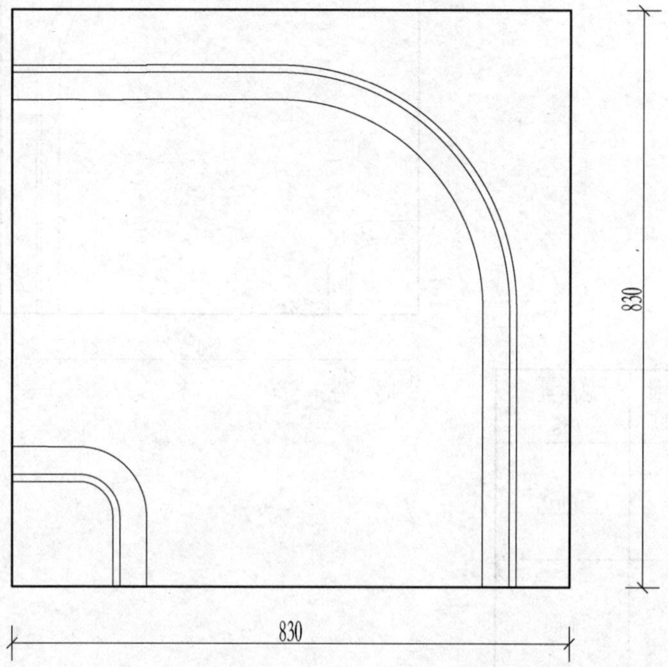

Z600型预制混凝土弯头配筋图

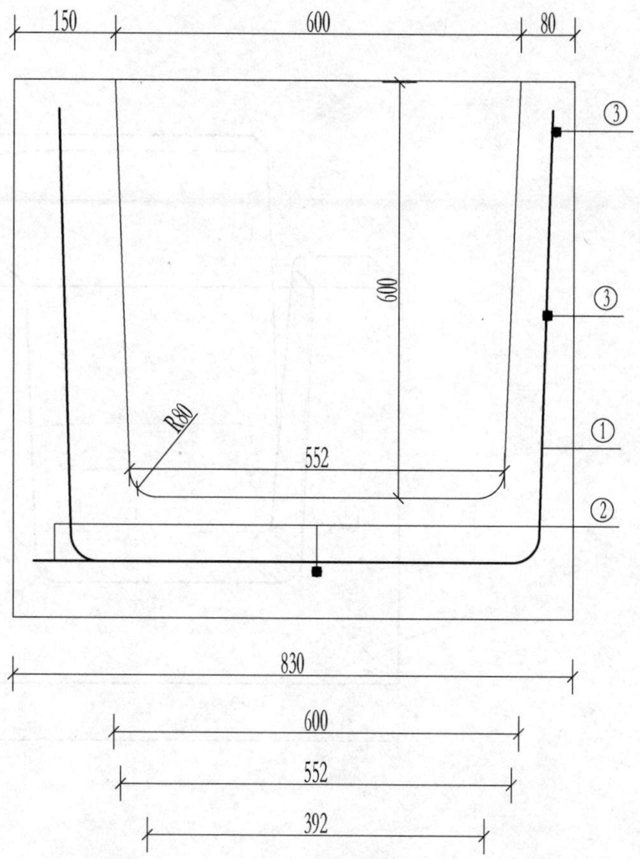

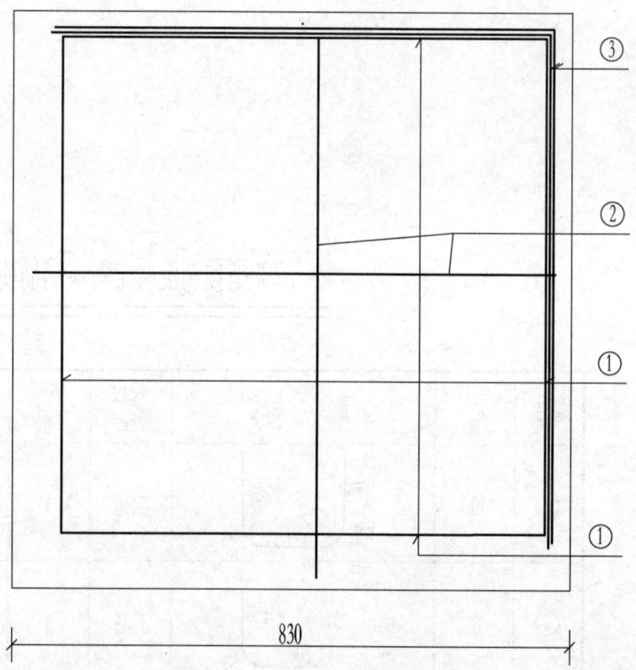

Z600型预制混凝土弯头钢筋明细表

编号	直径/mm	形式	长度/mm	数量/根	总长度/m	单位质量/(kg/m)	总质量/kg
①	8	620 620 R80 650 125	2140	4	8.560	0.395	3.381
②	6	620 700 125	1445	2	2.890	0.222	0.642
③	6	730 R80 730	1585	2	3.170	0.222	0.704
合计							4.727

说明：
1. 图中尺寸均以mm计；
2. 混凝土强度等级C50 F300；
3. 钢筋强度等级为HPB235。

图号	6-4
图名	Z600型预制混凝土弯头

Z700型预制混凝土弯头

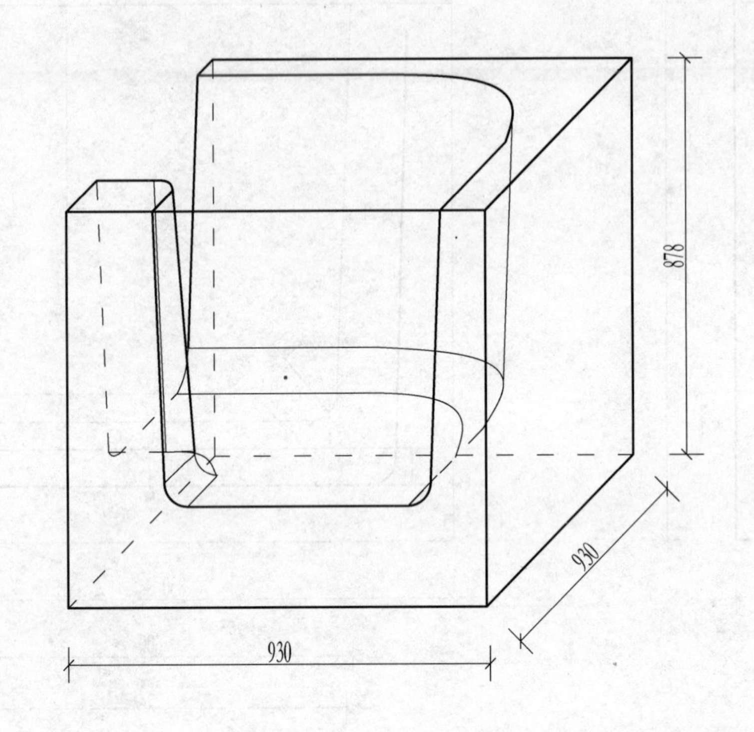

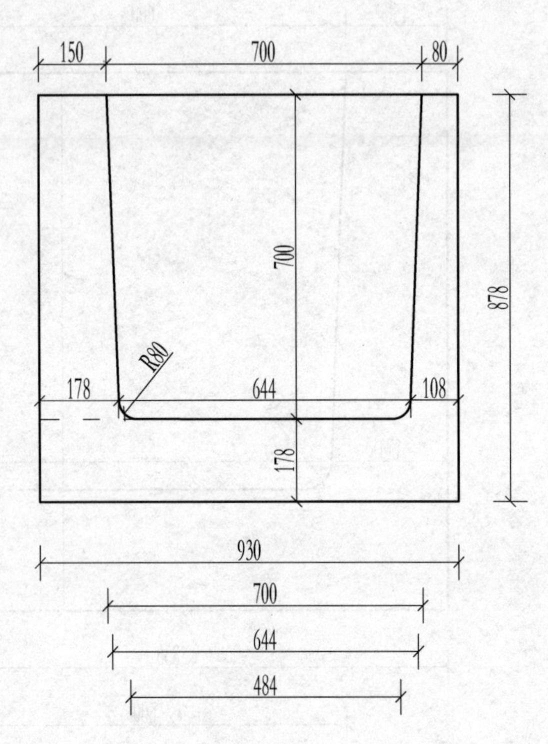

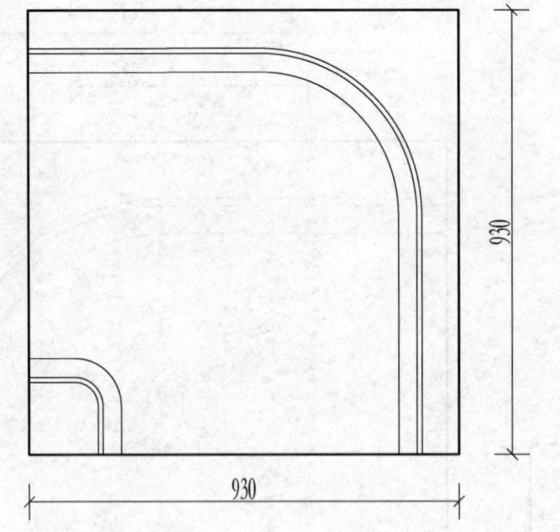

Z700型预制混凝土弯头配筋图

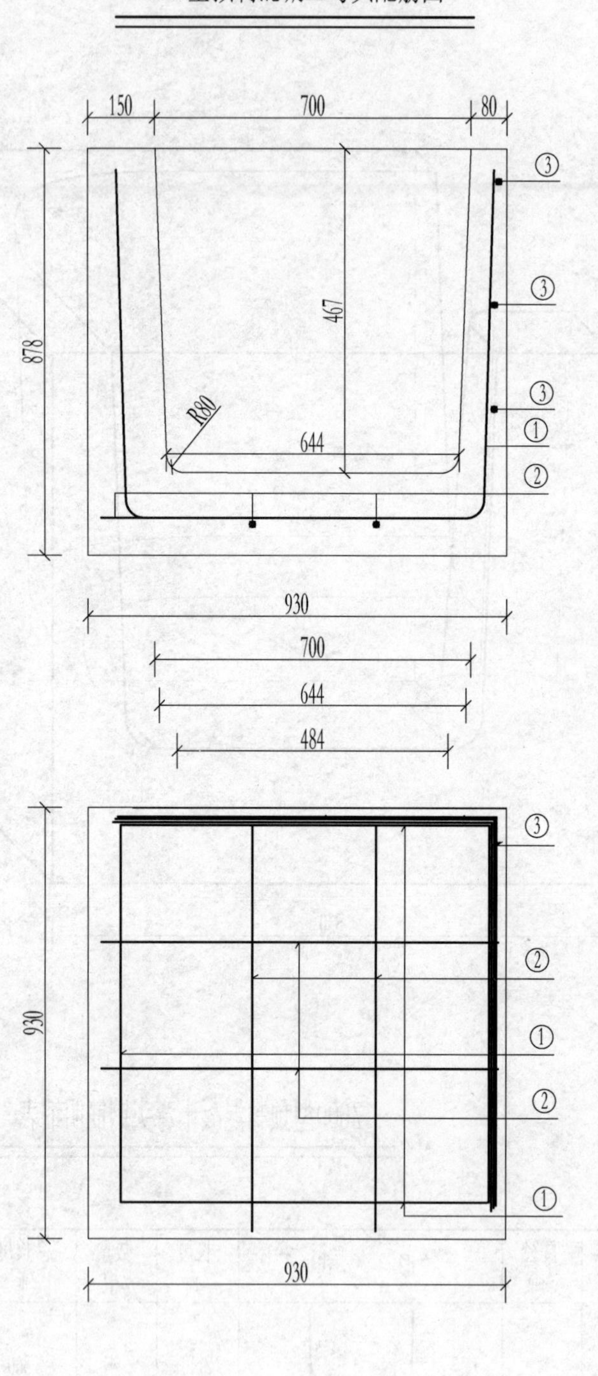

Z700型预制混凝土弯头钢筋明细表

编号	直径/mm	形式	长度/mm	数量/根	总长度/m	单位质量/(kg/m)	总质量/kg
①	10	720 720 R80 750 125	2440	4	9.760	0.617	6.022
②	6	720 800 125	1645	4	6.580	0.222	1.461
③	6	830 R80 830	1785	3	5.355	0.222	1.189
合计							8.672

说明：

1. 图中尺寸均以mm计；
2. 混凝土强度等级C50 F300；
3. 钢筋强度等级为HPB235。

图号	6-5
图名	Z700型预制混凝土弯头

Z800型预制混凝土弯头

982
1030
1030

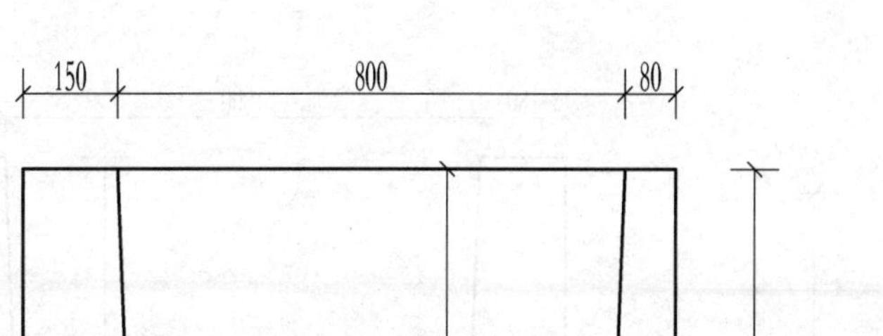

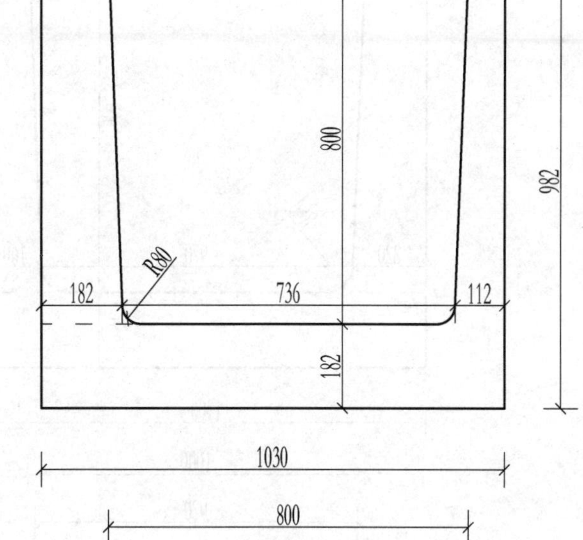

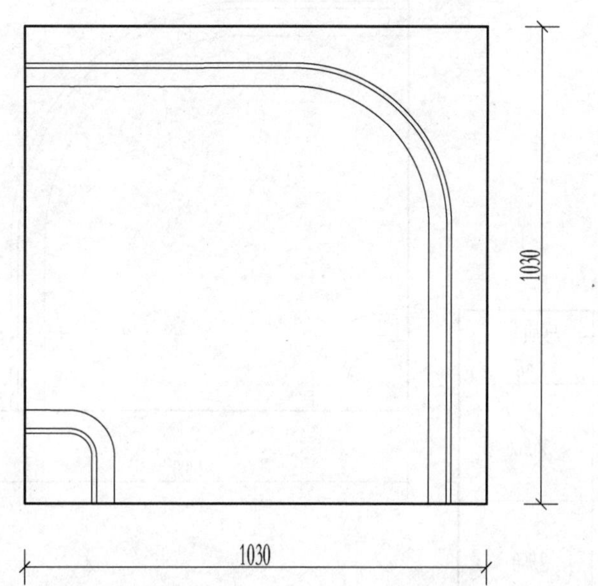

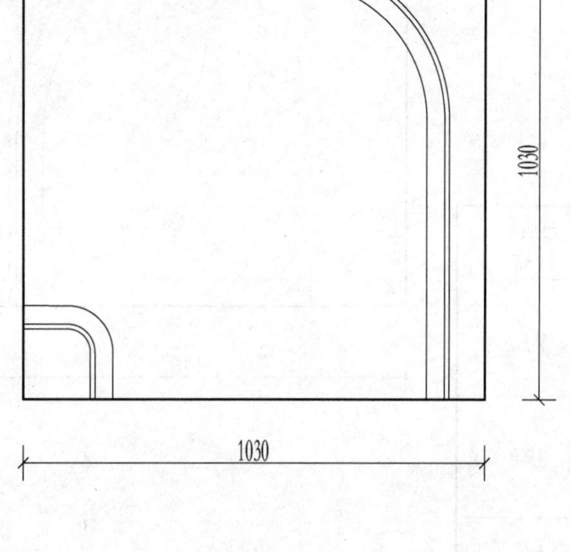

Z800型预制混凝土弯头配筋图

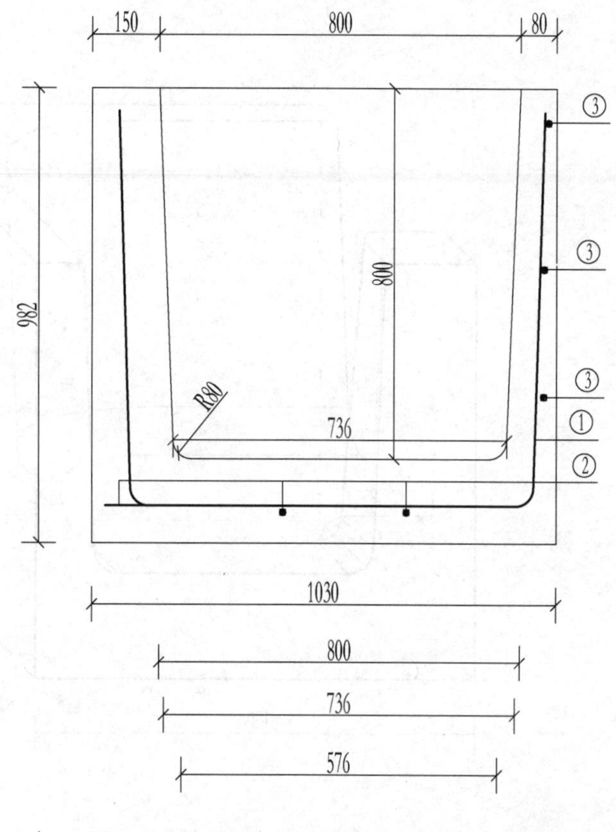

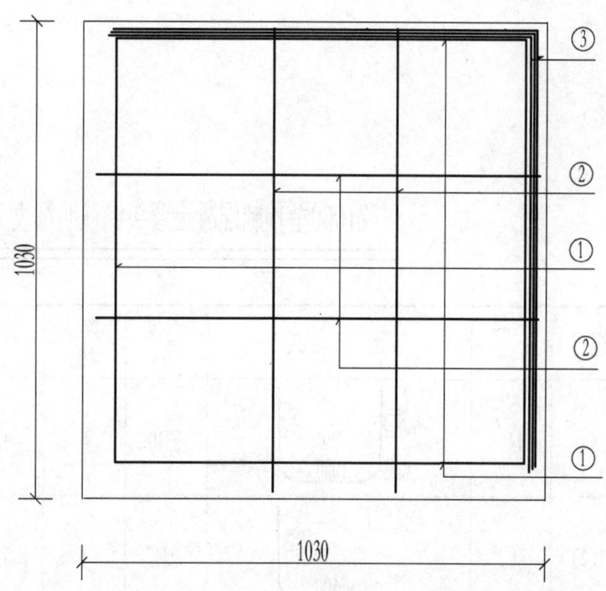

Z800型预制混凝土弯头钢筋明细表

编号	直径 /mm	形式	长度 /mm	数量 /根	总长度 /m	单位质量 /(kg/m)	总质量 /kg
①	12	820 820 R80 850 125	2740	4	10.96	0.888	9.732
②	6	820 900 125	1845	4	7.380	0.222	1.638
③	6	930 R80 930	1985	3	5.955	0.222	1.322
合计							12.692

说明：
1. 图中尺寸均以mm计；
2. 混凝土强度等级C50 F300；
3. 钢筋强度等级为HPB235。

图号	6-6
图名	Z800型预制混凝土弯头

Z1000型预制混凝土弯头

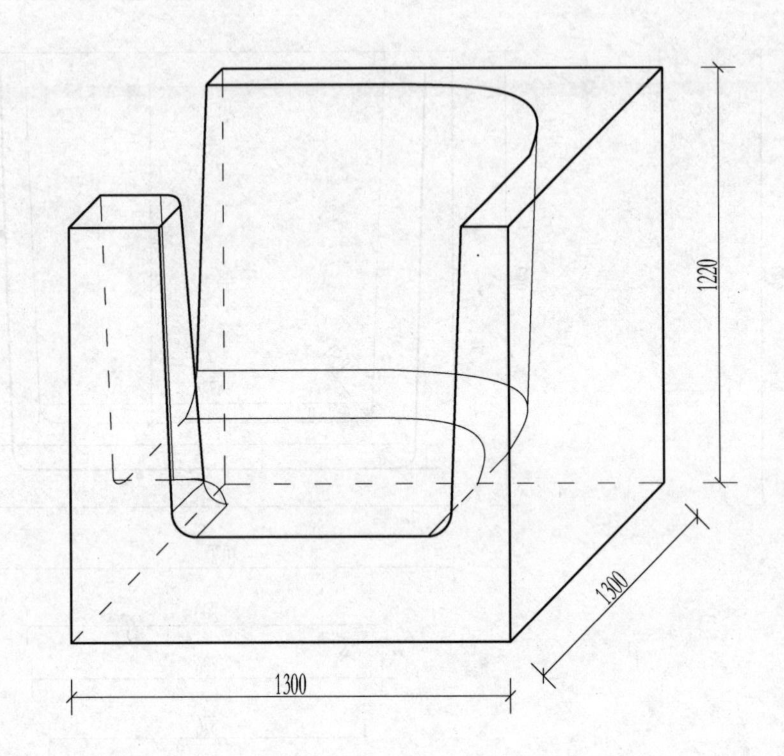

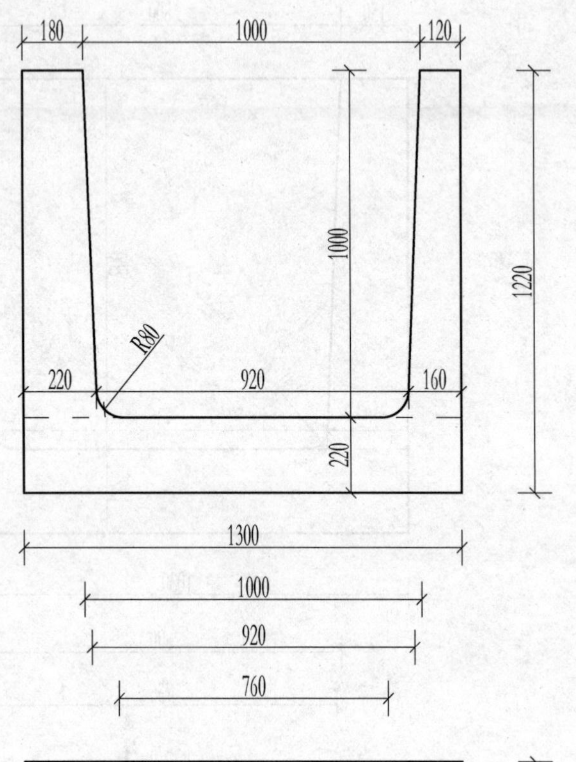

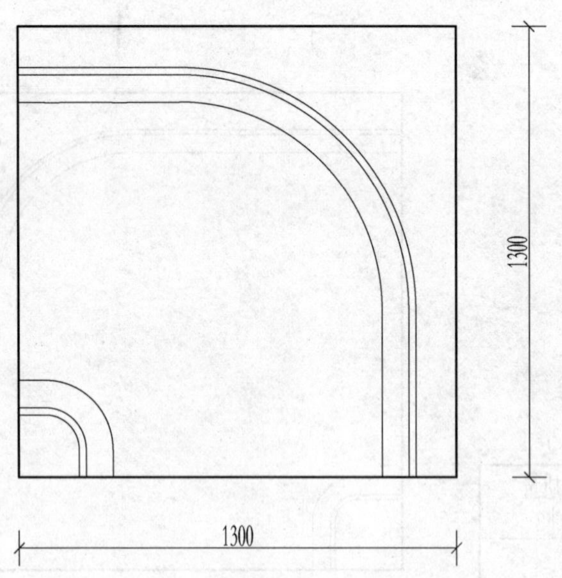

Z1000型预制混凝土弯头配筋图

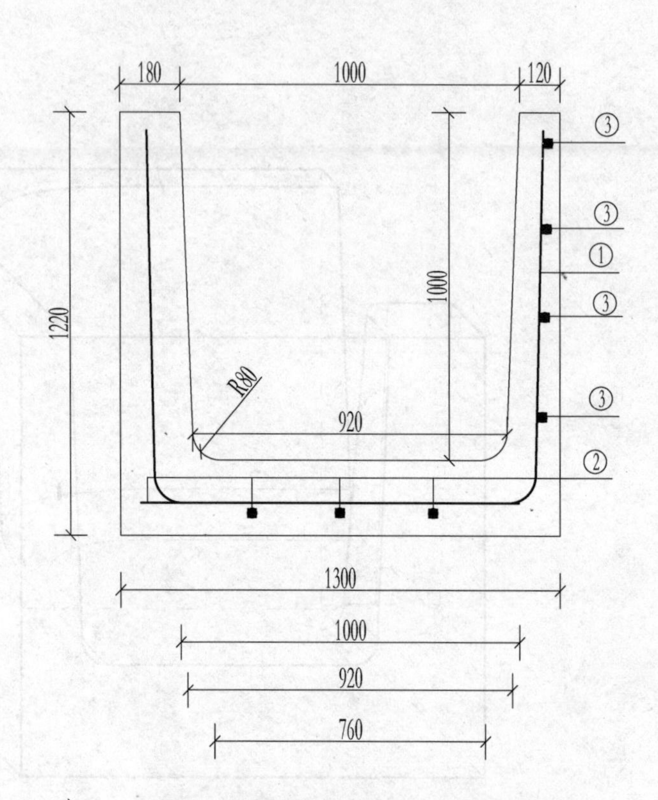

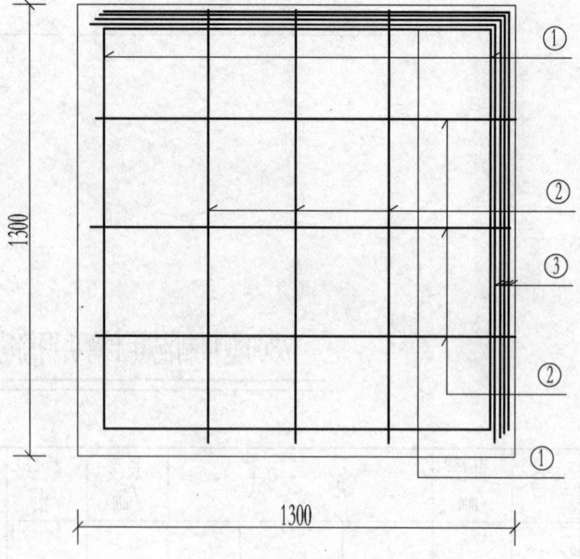

Z1000型预制混凝土弯头钢筋明细表

编号	直径/mm	形 式	长度/mm	数量/根	总长度/m	单位质量/(kg/m)	总质量/kg
①	14	1020 1020 R80 1050 125	3340	4	13.36	1.21	16.166
②	6	1020 1100 125	2245	6	13.470	0.222	2.990
③	6	1130 R80 1130	2385	4	9.540	0.222	2.118
合 计							21.274

说明：

1. 图中尺寸均以mm计；
2. 混凝土强度等级C50 F300；
3. 钢筋强度等级为HPB235。

图 号	6-7
图 名	Z1000型预制混凝土弯头

第 7 章

预制混凝土变径

Z400-300型预制混凝土变径

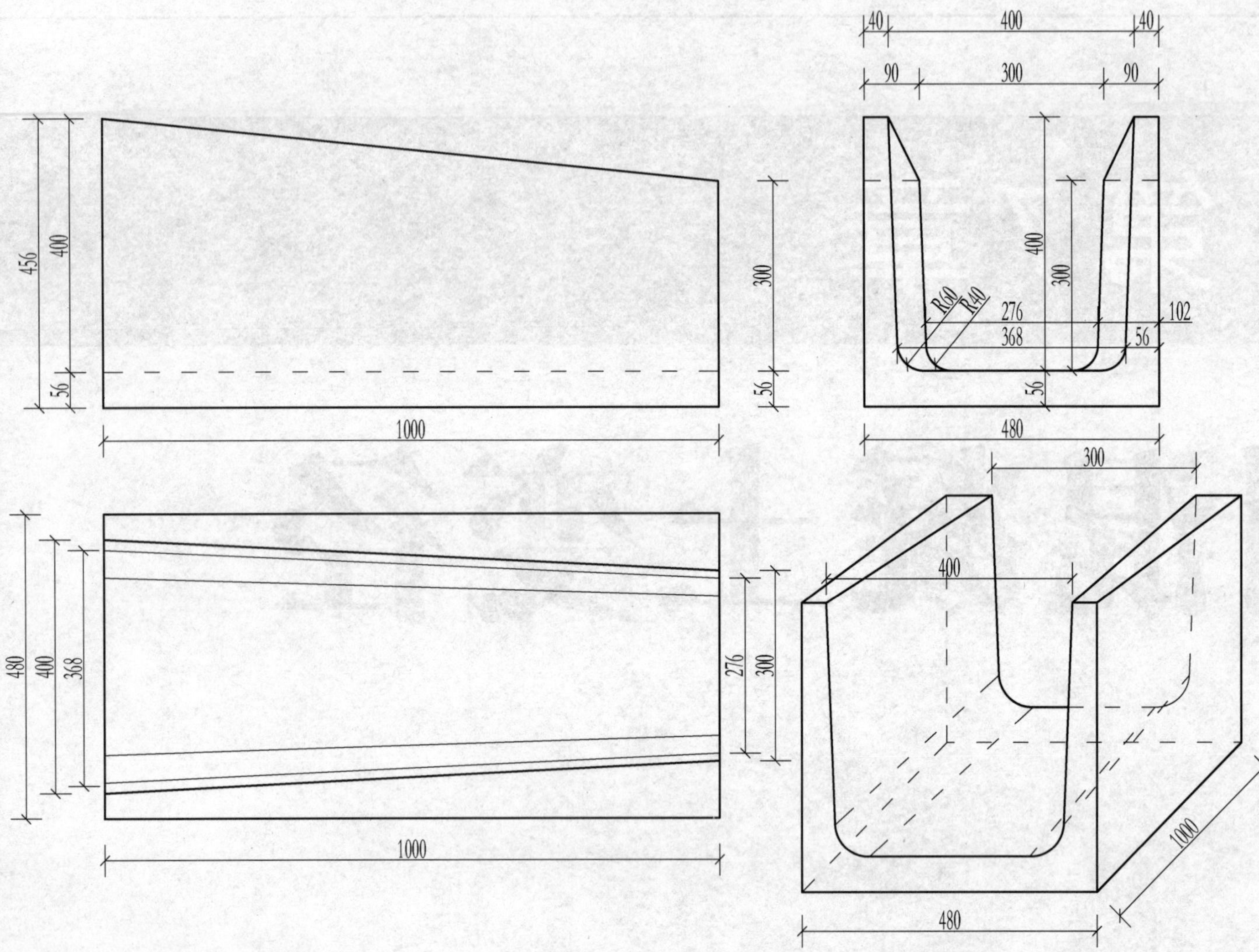

Z400-300型预制混凝土变径配筋图

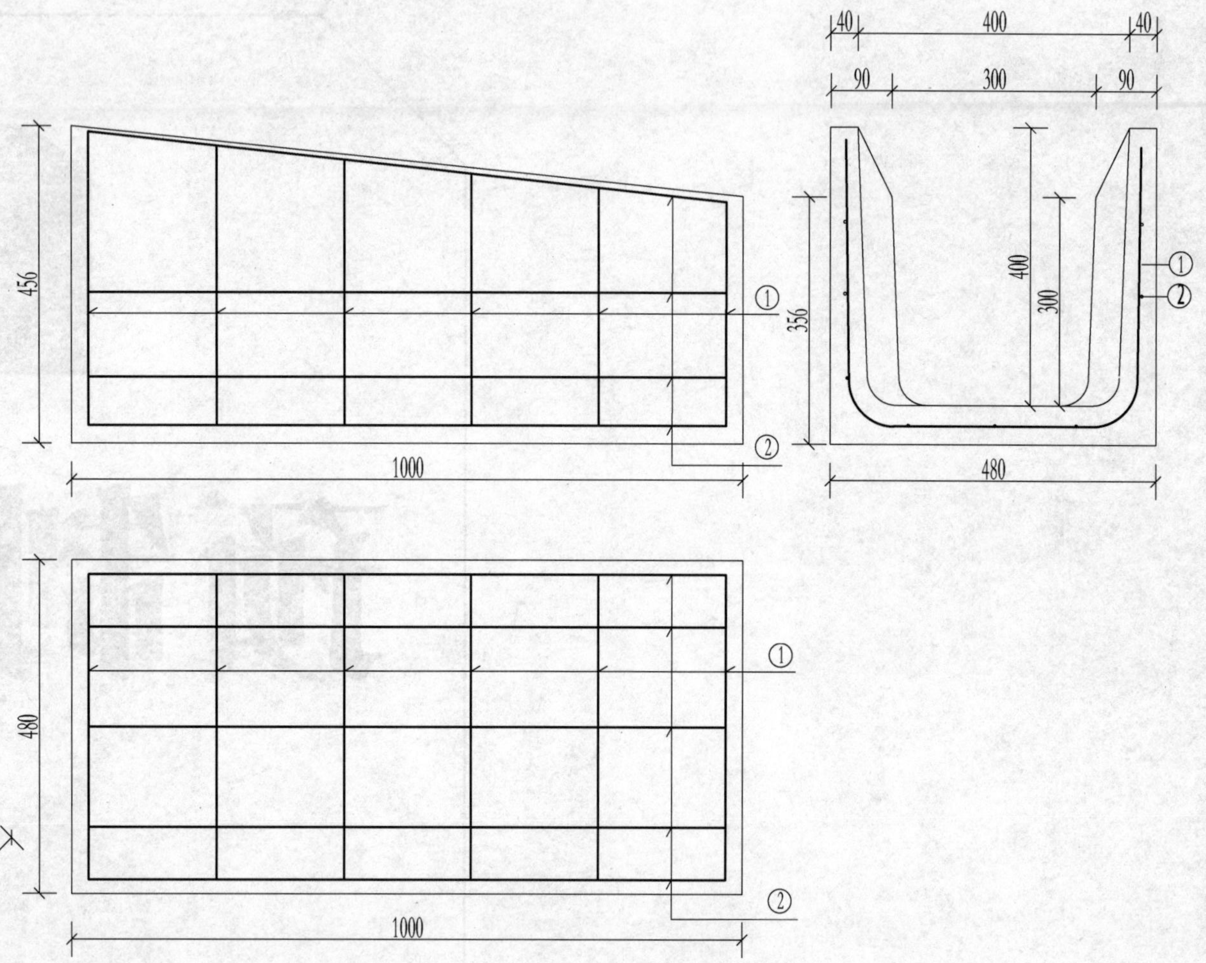

Z400-300型预制混凝土变径钢筋明细表

编号	直径/mm	形　式	长度/mm	数量/根	总长度/m	单位质量/(kg/m)	总质量/kg
①	6	240-340 240-340 R70 304 104	1092	6	6.552	0.222	1.455
②	6	950	950	9	8.550	0.222	1.898
合　计							3.353

说明：
1. 图中尺寸均以mm计；
2. 混凝土强度等级C50　F300；
3. 钢筋强度等级为HPB235；
4. 预制构件两端预制22mm×2mm凹槽；
5. 构件弯曲强力大于14.0kN。

图号	7-1
图名	Z400-300型预制混凝土变径

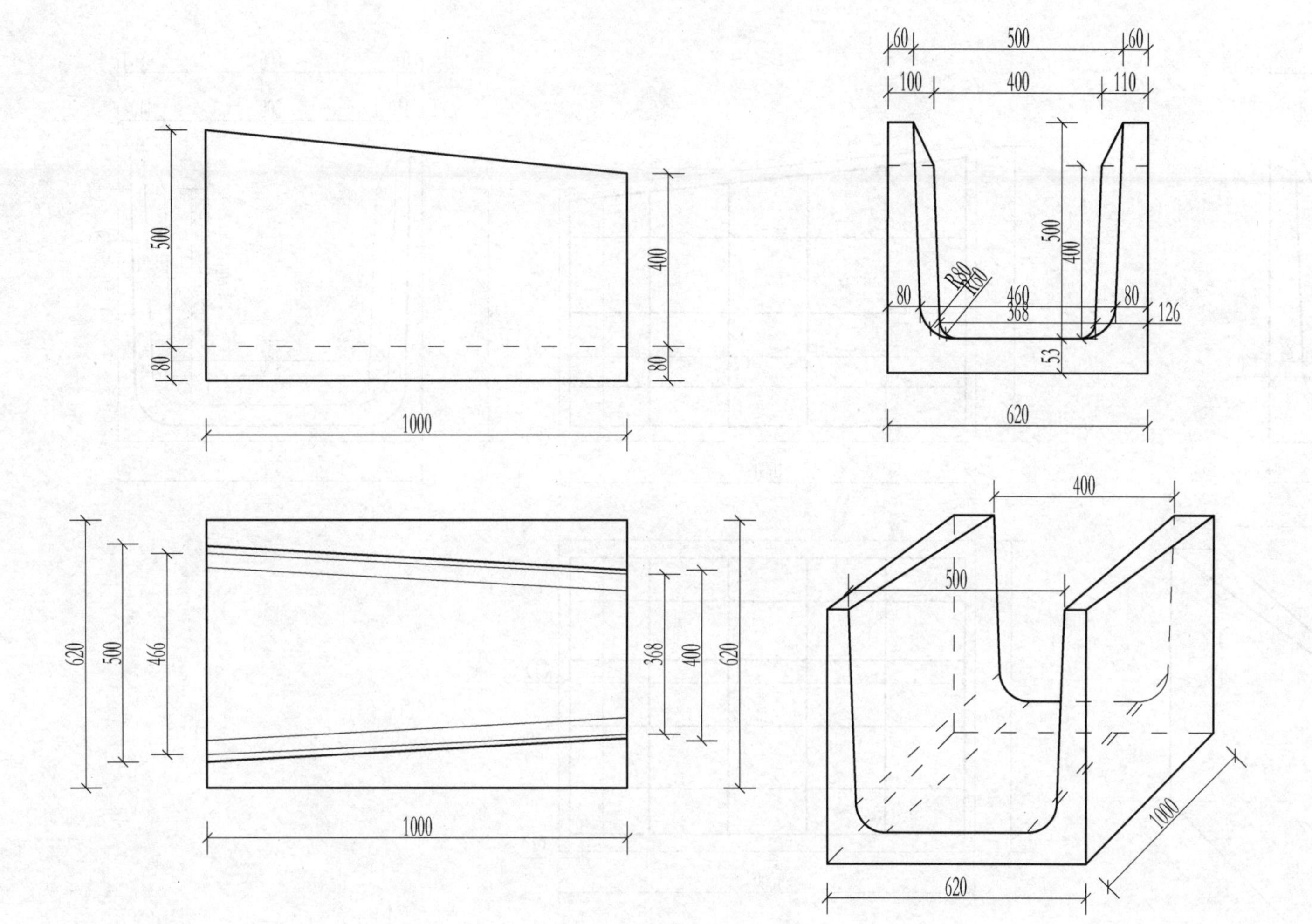

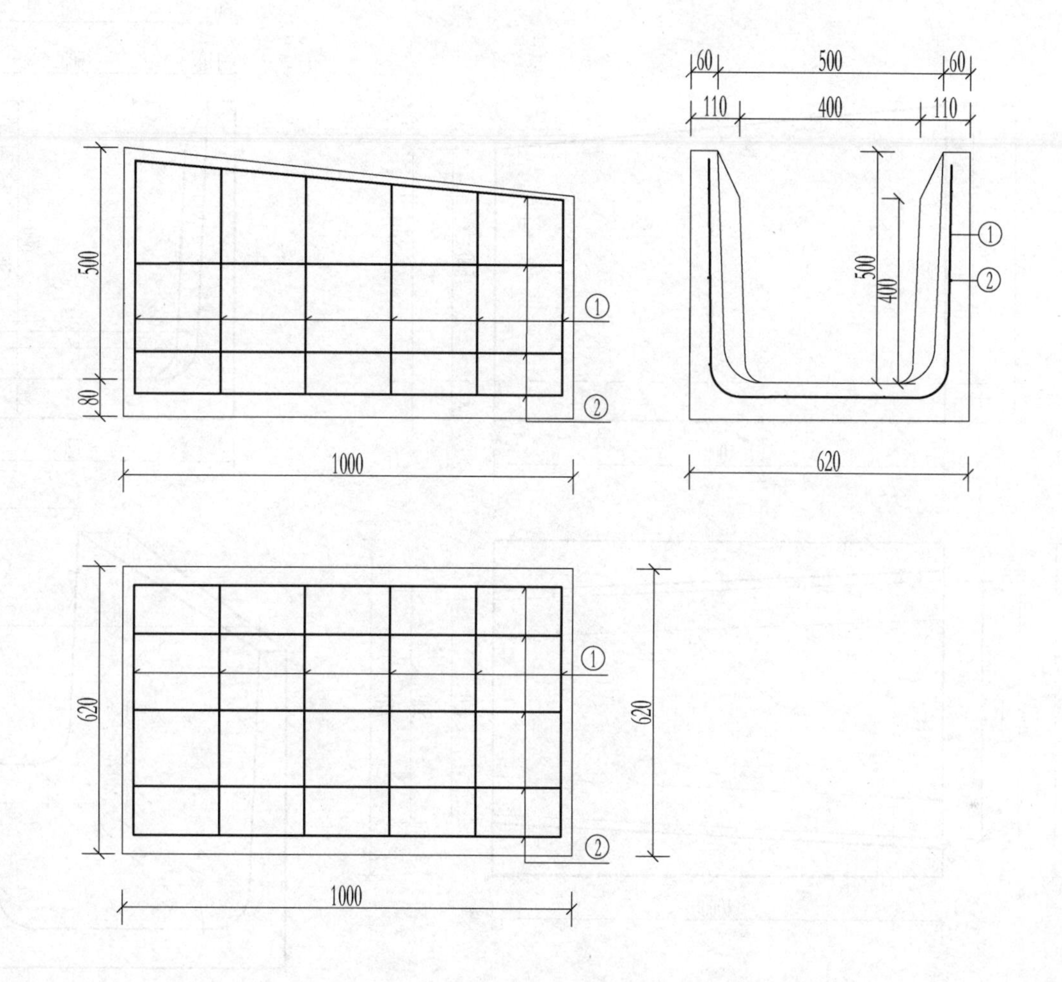

Z500-400型预制混凝土变径钢筋明细表

编号	直径/mm	形式	长度/mm	数量/根	总长度/m	单位质量/(kg/m)	总质量/kg
①	6	340-440 R80 388 124 340-440	1416	6	8.496	0.222	1.886
②	6	950	950	9	8.550	0.222	1.898
合计							3.784

说明:
1. 图中尺寸均以mm计;
2. 混凝土强度等级C50 F300;
3. 钢筋强度等级为HPB235;
4. 预制构件两端预制22mm×2mm凹槽;
5. 构件弯曲强力大于14.5kN。

图号	7-2
图名	Z500-400型预制混凝土变径

Z600-500型预制混凝土变径

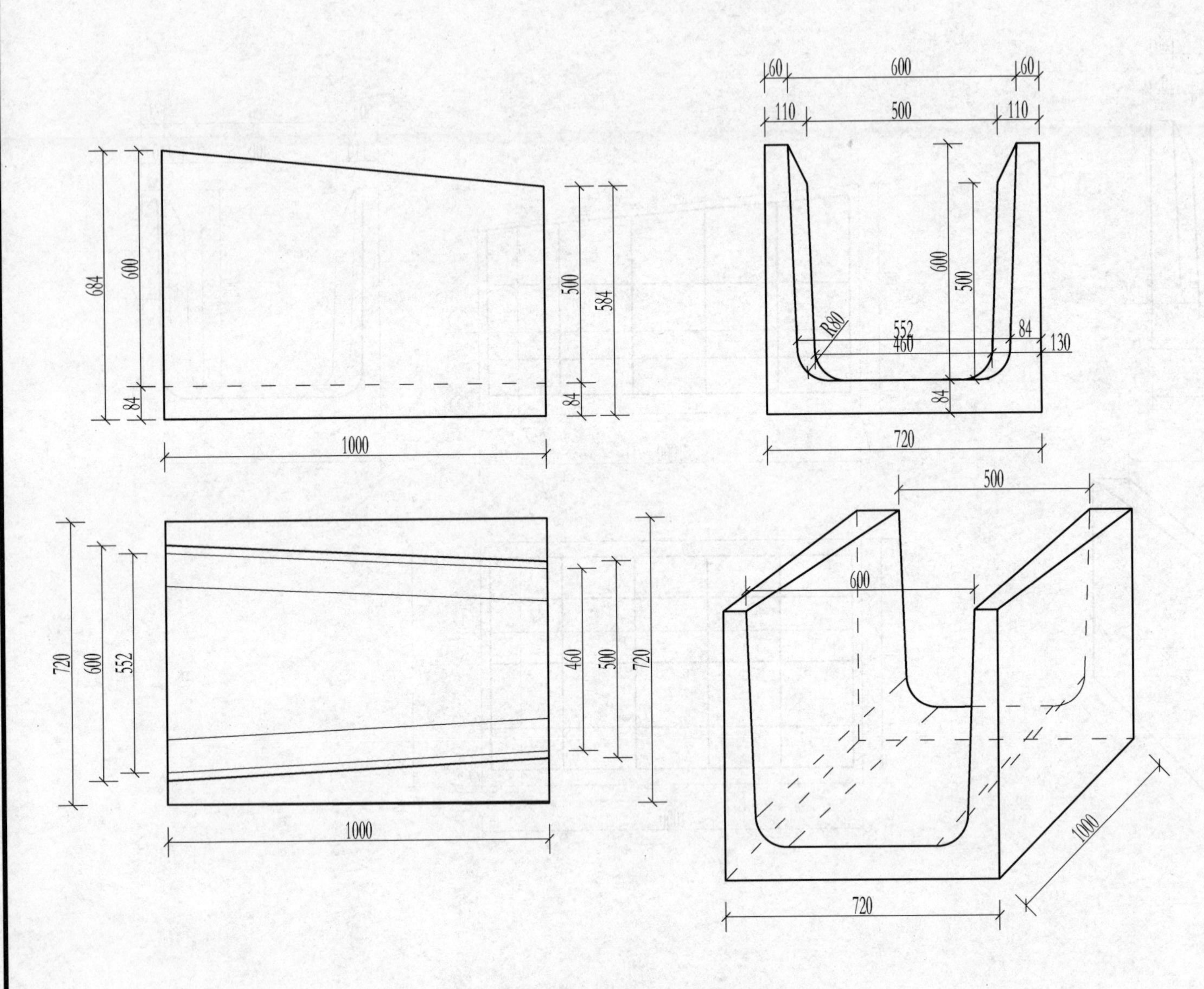

Z600-500型预制混凝土变径配筋图

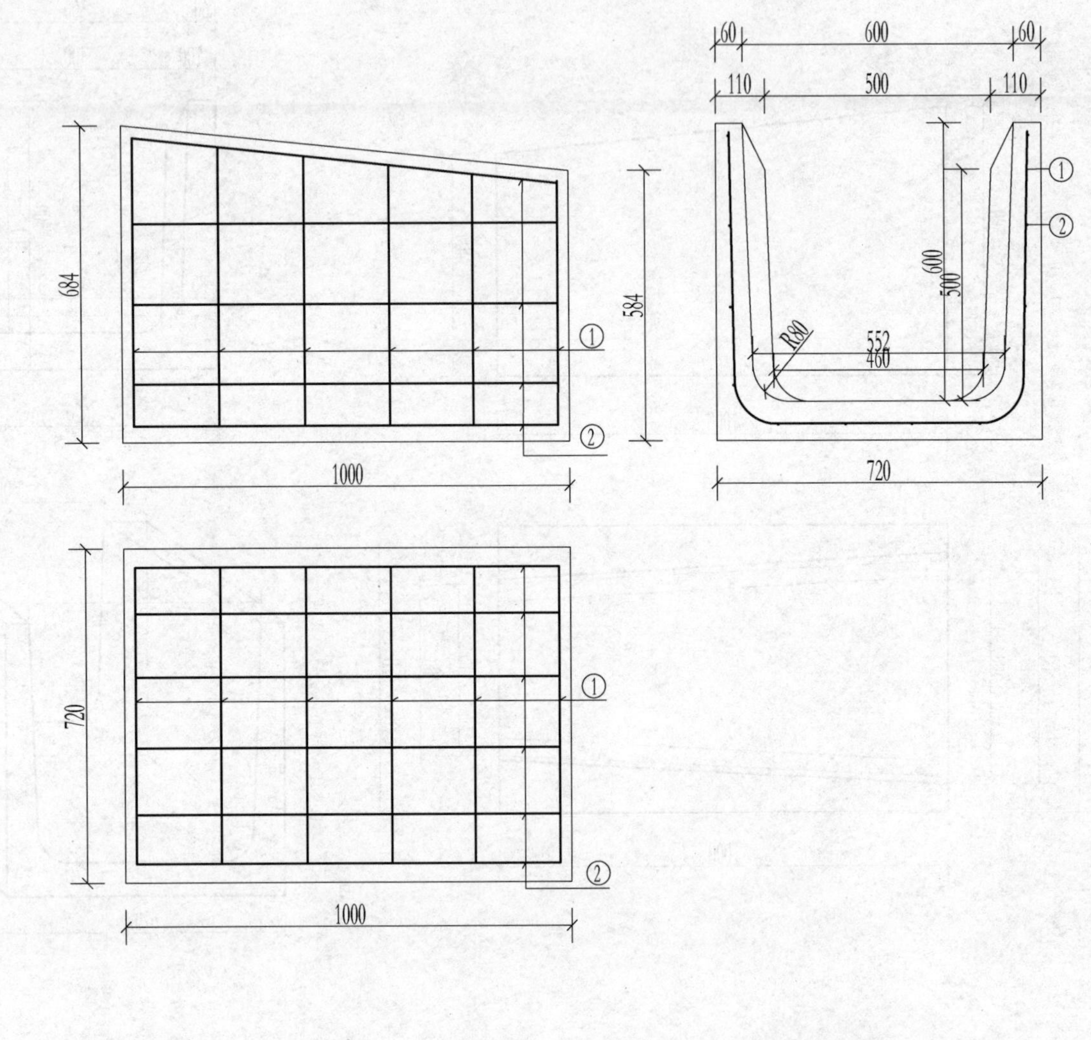

Z600-500型预制混凝土变径钢筋明细表

编号	直径/mm	形式	长度/mm	数量/根	总长度/m	单位质量/(kg/m)	总质量/kg
①	8	440-540 440-540 R80 488 124	1716	6	10.30	0.222	2.286
②	6	950	950	12	11.40	0.222	2.531
合计							4.817

说明：
1. 图中尺寸均以mm计；
2. 混凝土强度等级C50 F300；
3. 钢筋强度等级为HPB235；
4. 预制混凝土构件两端预制22mm×2mm凹槽；
5. 构件弯曲强力大于14.0kN。

图号	7-3
图名	Z600-500型预制混凝土变径

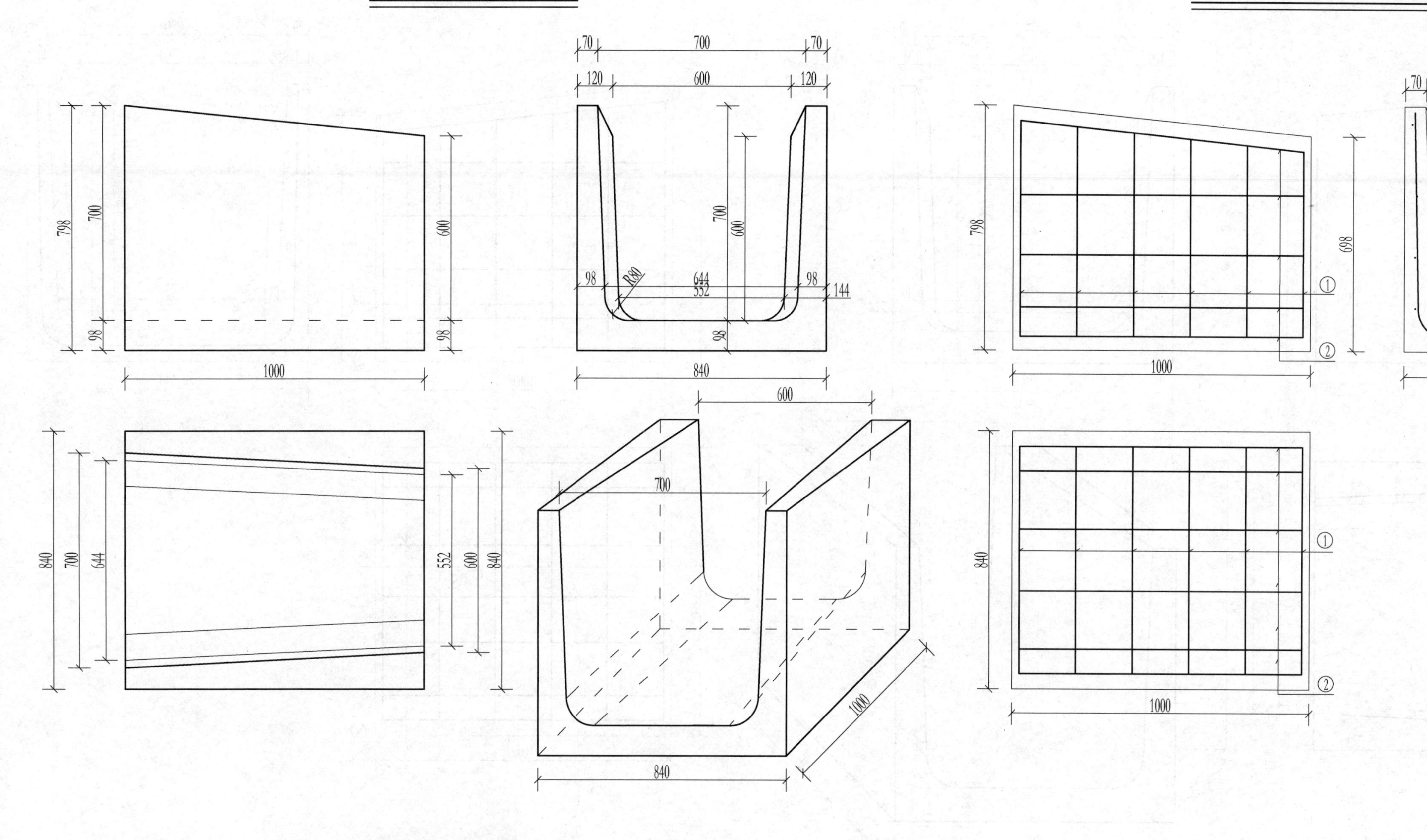

Z700-600型预制混凝土变径钢筋明细表

编号	直径/mm	形式	长度/mm	数量/根	总长度/m	单位质量/(kg/m)	总质量/kg
①	8	540-640 R80 588 124 540-640	2016	6	12.10	0.395	4.778
②	6	950	950	12	11.40	0.222	2.531
合计							7.309

说明：

1. 图中尺寸均以mm计；
2. 混凝土强度等级C50 F300；
3. 钢筋强度等级为HPB235；
4. 预制混凝土构件两端预制22mm×2mm凹槽；
5. 构件弯曲强力大于13.0kN。

图号	7-4
图名	Z700-600型预制混凝土变径

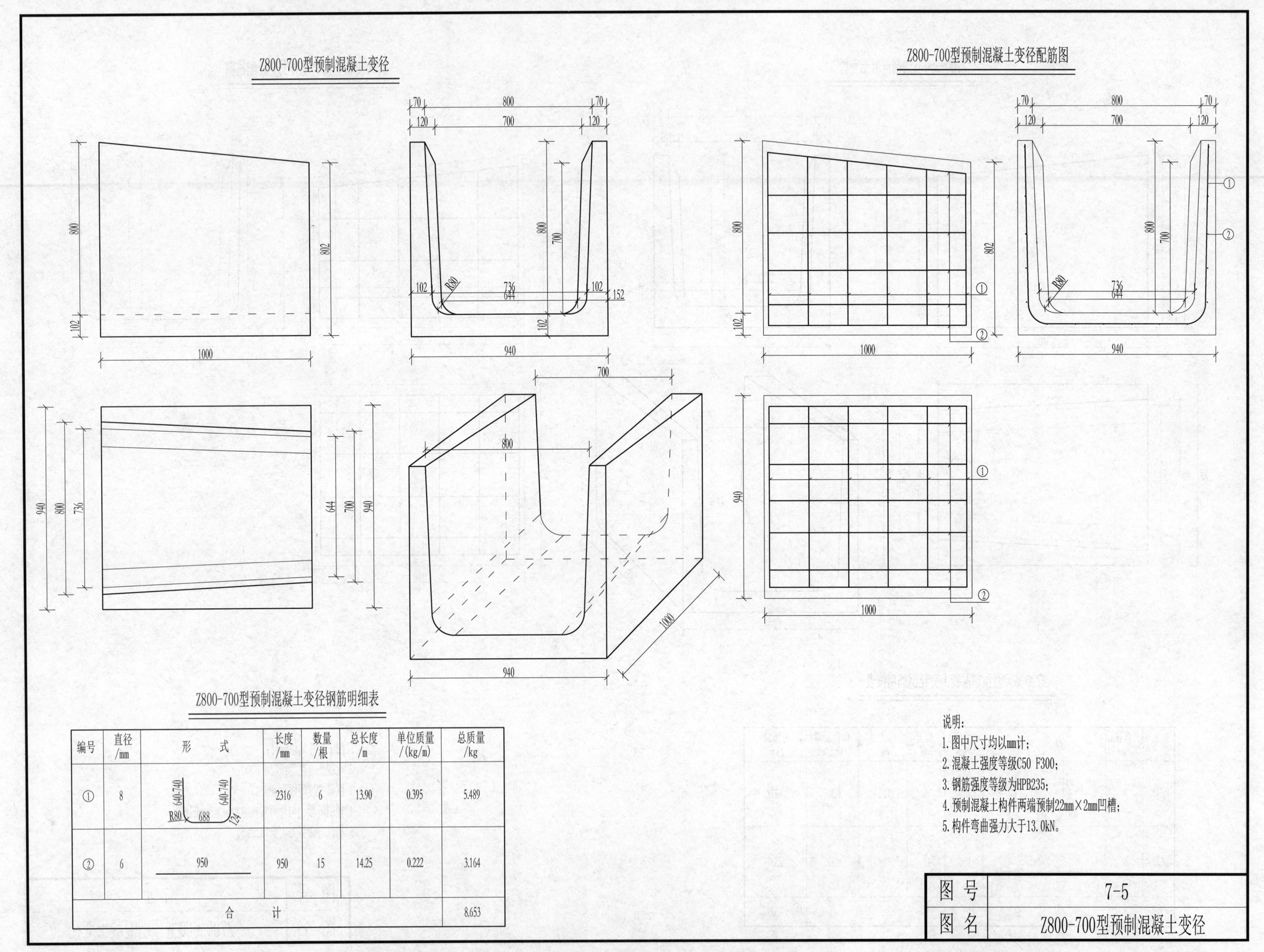

Z800-700型预制混凝土变径钢筋明细表

编号	直径/mm	形式	长度/mm	数量/根	总长度/m	单位质量/(kg/m)	总质量/kg
①	8	640-740 688 640-740 R80 124	2316	6	13.90	0.395	5.489
②	6	950	950	15	14.25	0.222	3.164
合计							8.653

说明：
1. 图中尺寸均以mm计；
2. 混凝土强度等级C50 F300；
3. 钢筋强度等级为HPB235；
4. 预制混凝土构件两端预制22mm×2mm凹槽；
5. 构件弯曲强力大于13.0kN。

图号	7-5
图名	Z800-700型预制混凝土变径

第 8 章

预制混凝土跌水、陡坡

预制混凝土跌水构件

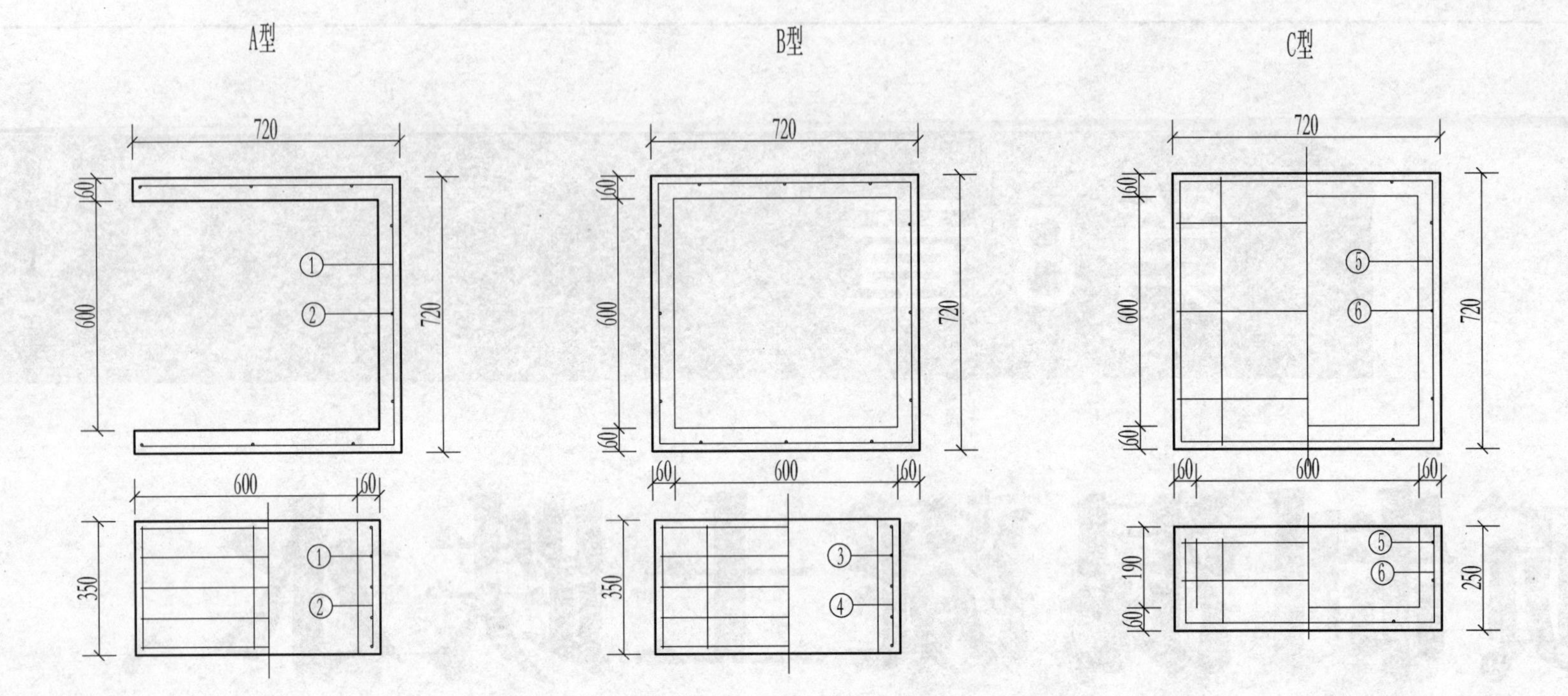

预制混凝土跌水装配图

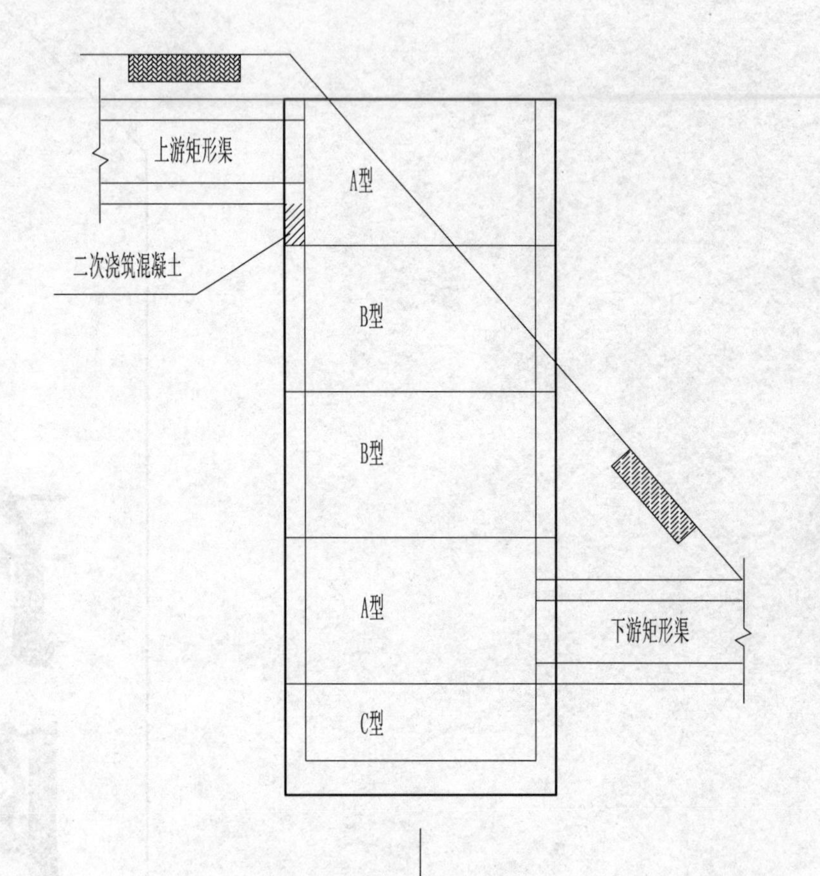

上游矩形渠　　下游矩形渠

预制混凝土跌水构件钢筋明细表

构件	编号	直径/mm	形　式	长度/mm	数量/根	总长度/m	单位质量/(kg/m)	总质量/kg	小计/kg
A型	①	6	660, 660, 660	1980	5	9.90	0.222	2.198	2.797
	②	6	300	300	9	2.70	0.222	0.599	
B型	③	6	660, 660, 660, 660	2640	5	13.20	0.222	2.930	3.729
	④	6	300	300	12	3.60	0.222	0.799	
C型	⑤	6	660, 660, 660, 660	2640	3	7.92	0.222	1.758	3.170
	⑥	6	200, 660, 200	1060	6	6.36	0.222	1.412	

说明：
1.图中尺寸均以mm计；
2.混凝土强度等级C50 F300；
3.钢筋强度等级为HPB235；
4.本产品可与Z600型以下型号整体式预制混凝土矩形渠配套使用。

图号	8-1
图名	预制混凝土跌水

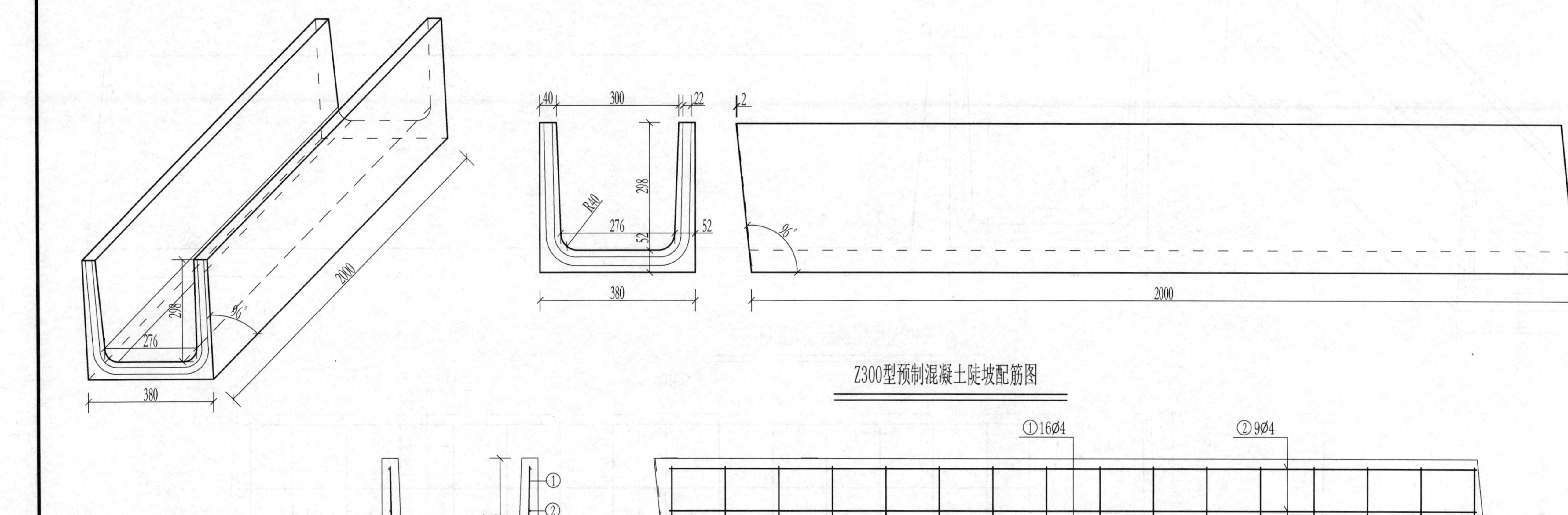

Z300型预制混凝土陡坡钢筋明细表

编号	直径/mm	形式	长度/mm	数量/根	总长度/m	单位质量/(kg/m)	总质量/kg
①	4	236 236 R70 198 104	900	16	14.40	0.0986	1.420
②	4	1950	1950	9	17.55	0.0986	1.730
合计							3.150

说明：
1. 图中尺寸均以mm计；
2. 混凝土强度等级C50 F300；
3. 钢筋强度等级为HPB235；
4. 预制混凝土构件一端预制22mm×2mm凹槽；
5. 构件弯曲强力大于33.5kN；
6. 遇水膨胀止水胶条长度920mm。

图号	8-2
图名	Z300型预制混凝土陡坡

Z400型预制混凝土陡坡

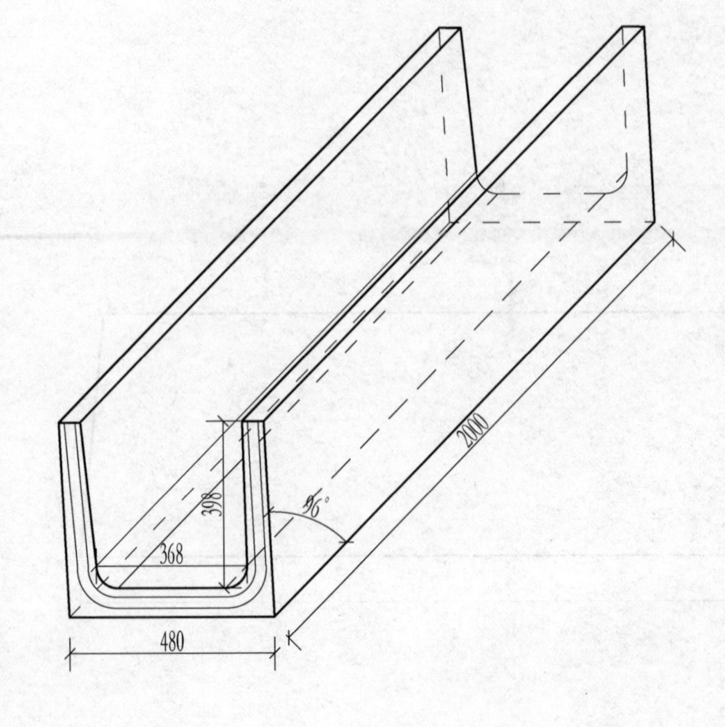

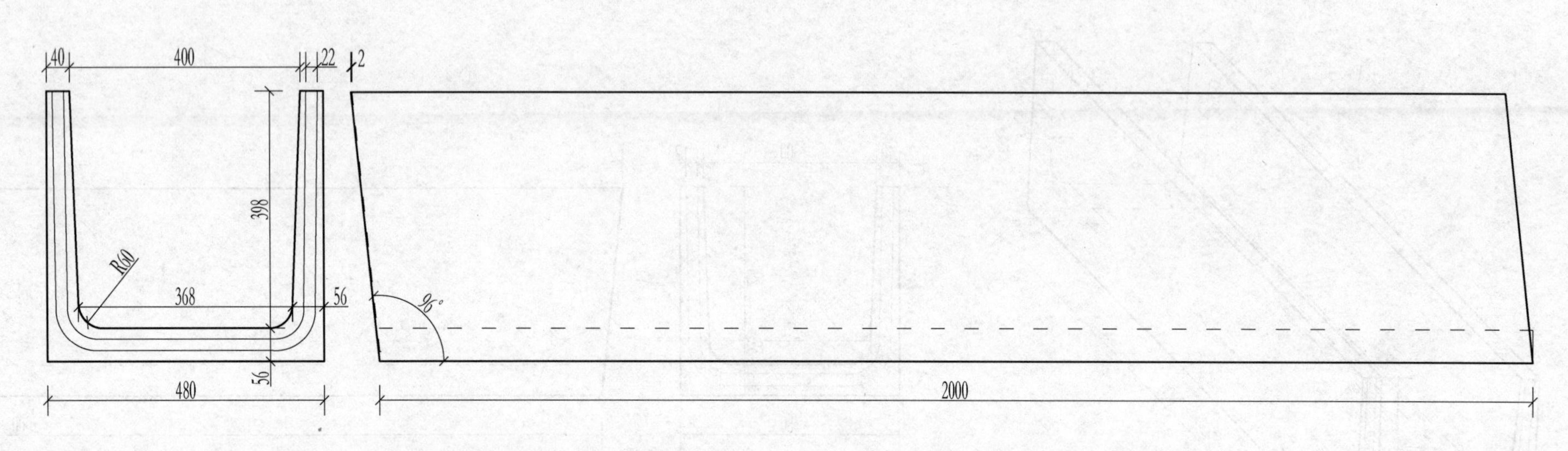

Z400型预制混凝土陡坡配筋图

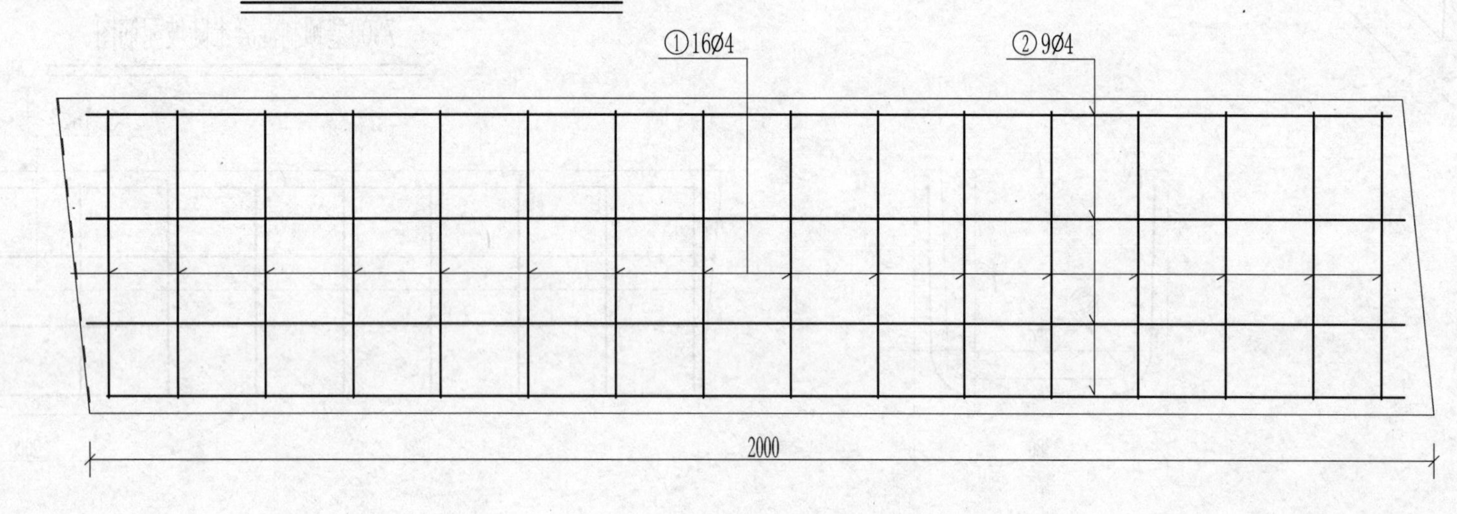

①
②
398
R60
368
56
56
480

Z400型预制混凝土陡坡钢筋明细表

编号	直径/mm	形式	长度/mm	数量/根	总长度/m	单位质量/(kg/m)	总质量/kg
①	4	354 354 R70 304 104	1200	16	19.20	0.0986	1.893
②	4	1950	1950	9	17.55	0.0986	1.730
合计							3.623

说明：

1. 图中尺寸均以mm计；
2. 混凝土强度等级C50 F300；
3. 钢筋强度等级为HPB235；
4. 预制混凝土构件一端预制22mm×2mm凹槽；
5. 构件弯曲强力大于29.0kN；
6. 遇水膨胀止水胶条长度1220mm。

图号	8-3
图名	Z400型预制混凝土陡坡

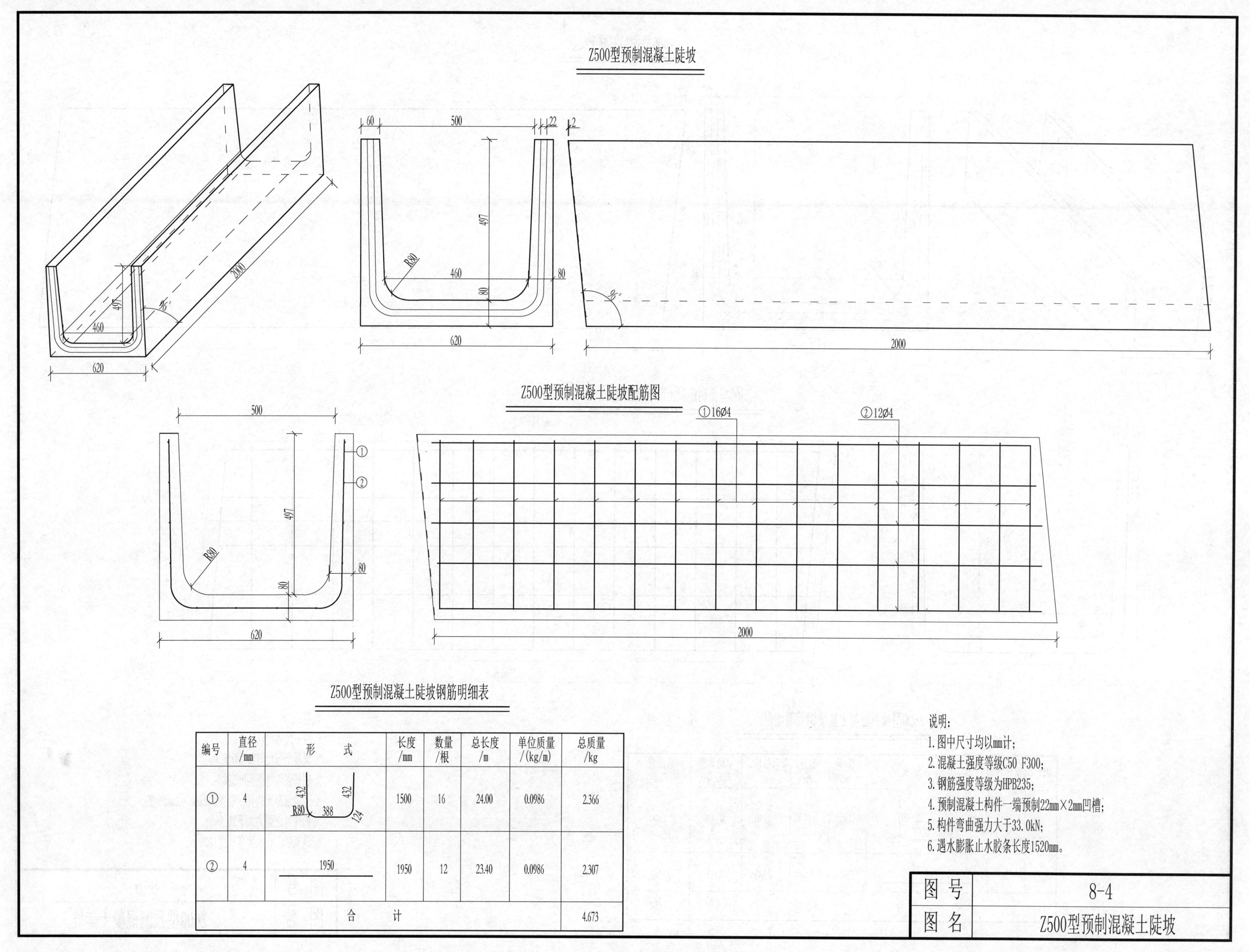

Z500型预制混凝土陡坡钢筋明细表

编号	直径/mm	形式	长度/mm	数量/根	总长度/m	单位质量/(kg/m)	总质量/kg
①	4	432, 432, R80, 388, 124	1500	16	24.00	0.0986	2.366
②	4	1950	1950	12	23.40	0.0986	2.307
合计							4.673

说明：

1. 图中尺寸均以mm计；
2. 混凝土强度等级C50 F300；
3. 钢筋强度等级为HPB235；
4. 预制混凝土构件一端预制22mm×2mm凹槽；
5. 构件弯曲强力大于33.0kN；
6. 遇水膨胀止水胶条长度1520mm。

图号	8-4
图名	Z500型预制混凝土陡坡

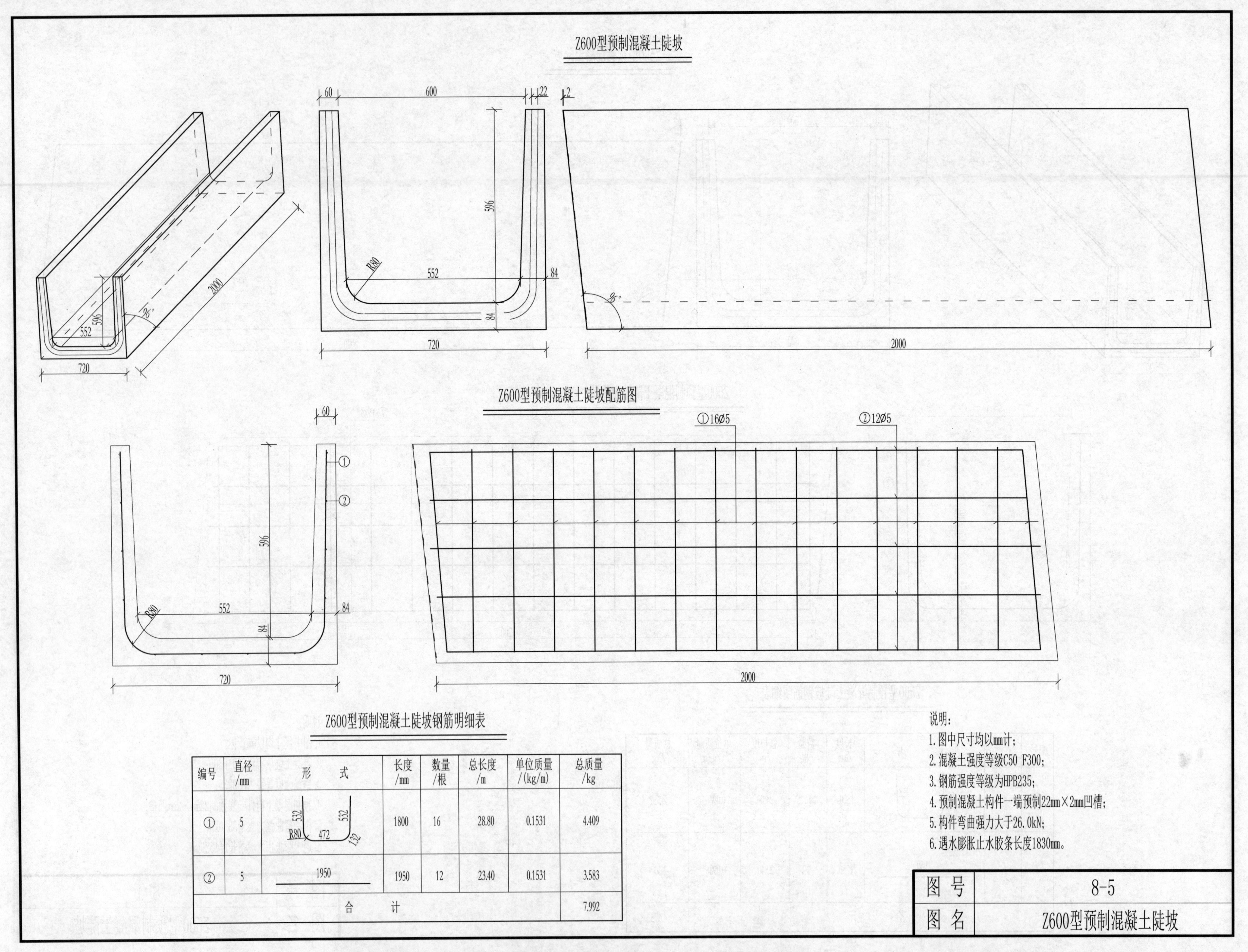

Z600型预制混凝土陡坡钢筋明细表

编号	直径/mm	形式	长度/mm	数量/根	总长度/m	单位质量/(kg/m)	总质量/kg
①	5	532 / R80 472 132 / 532	1800	16	28.80	0.1531	4.409
②	5	1950	1950	12	23.40	0.1531	3.583
合计							7.992

Z700型预制混凝土陡坡

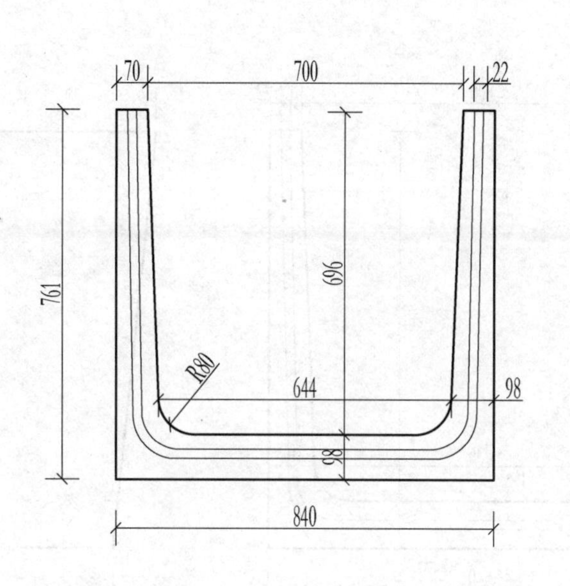

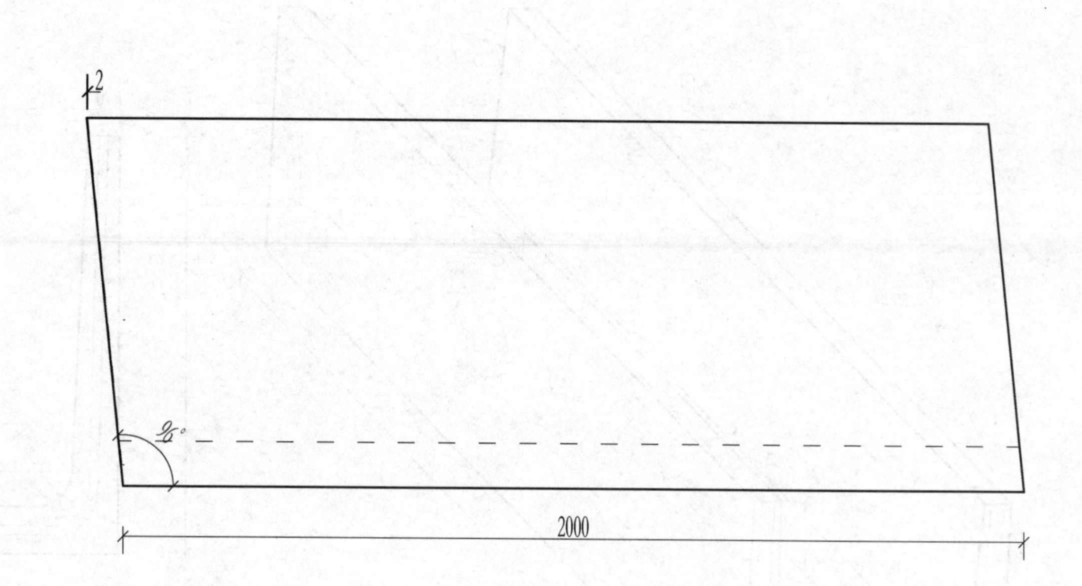

Z700型预制混凝土陡坡配筋图

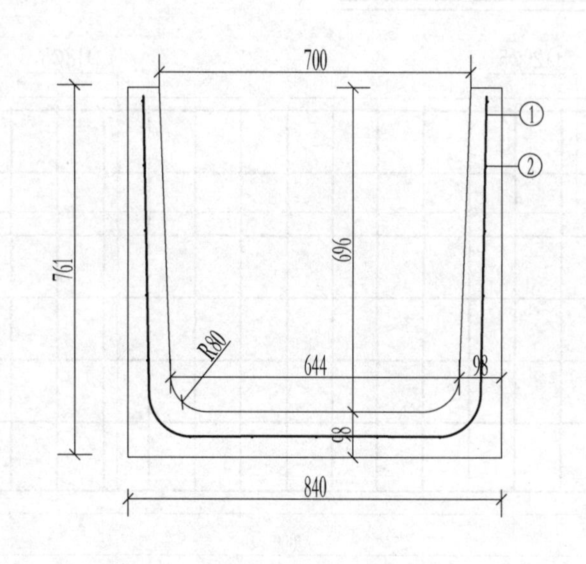

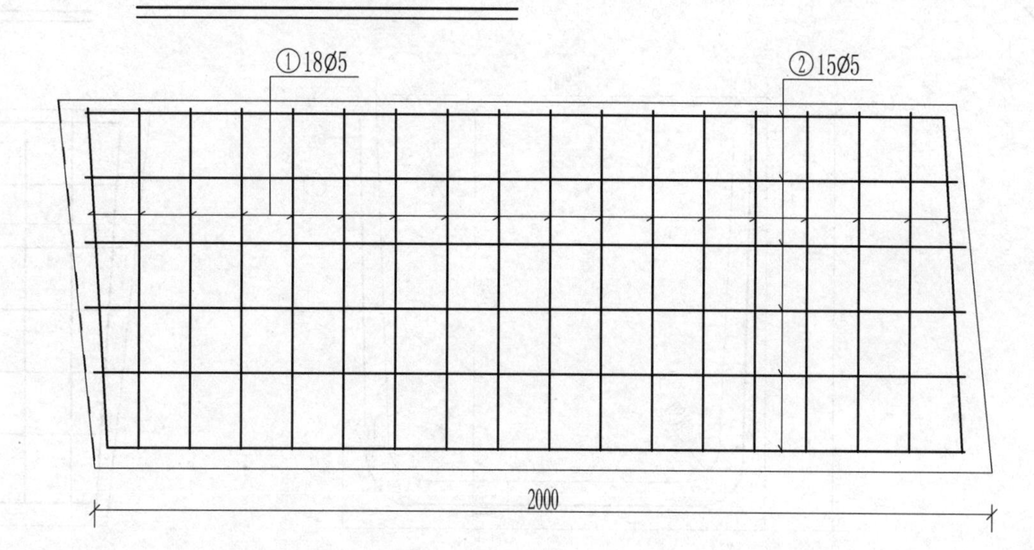

Z700型预制混凝土陡坡钢筋明细表

编号	直径/mm	形式	长度/mm	数量/根	总长度/m	单位质量/(kg/m)	总质量/kg
①	5	644 644 R80 548 132	2100	18	37.80	0.1531	5.787
②	5	1950	1950	15	29.25	0.1531	4.478
合计							10.265

说明：

1. 图中尺寸均以mm计；
2. 混凝土强度等级C50 F300；
3. 钢筋强度等级为HPB235；
4. 预制混凝土构件一端预制22mm×2mm凹槽；
5. 构件弯曲强力大于27.0kN；
6. 遇水膨胀止水胶条长度2130mm。

图号	8-6
图名	Z700型预制混凝土陡坡

Z800型预制混凝土陡坡

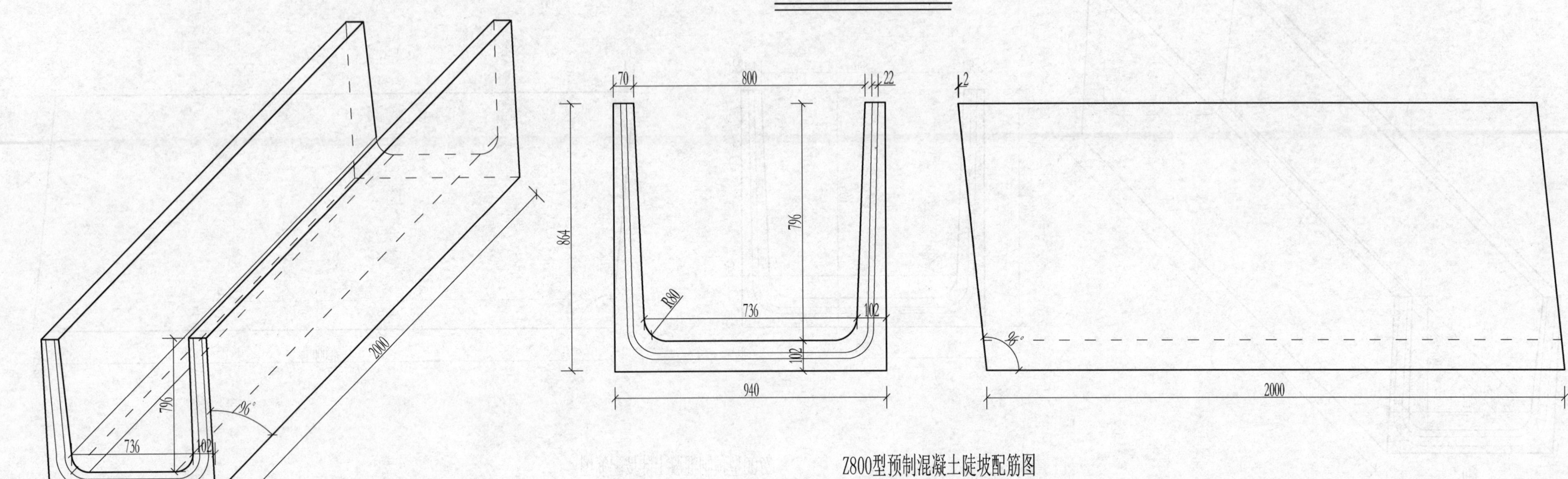

Z800型预制混凝土陡坡配筋图

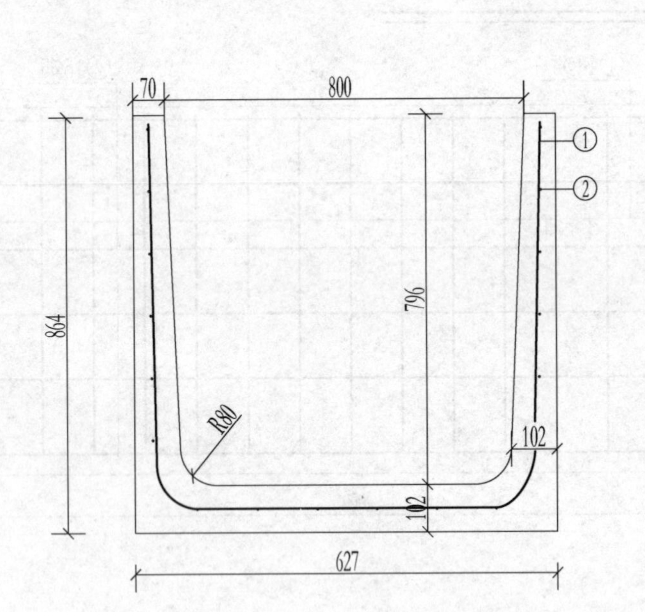

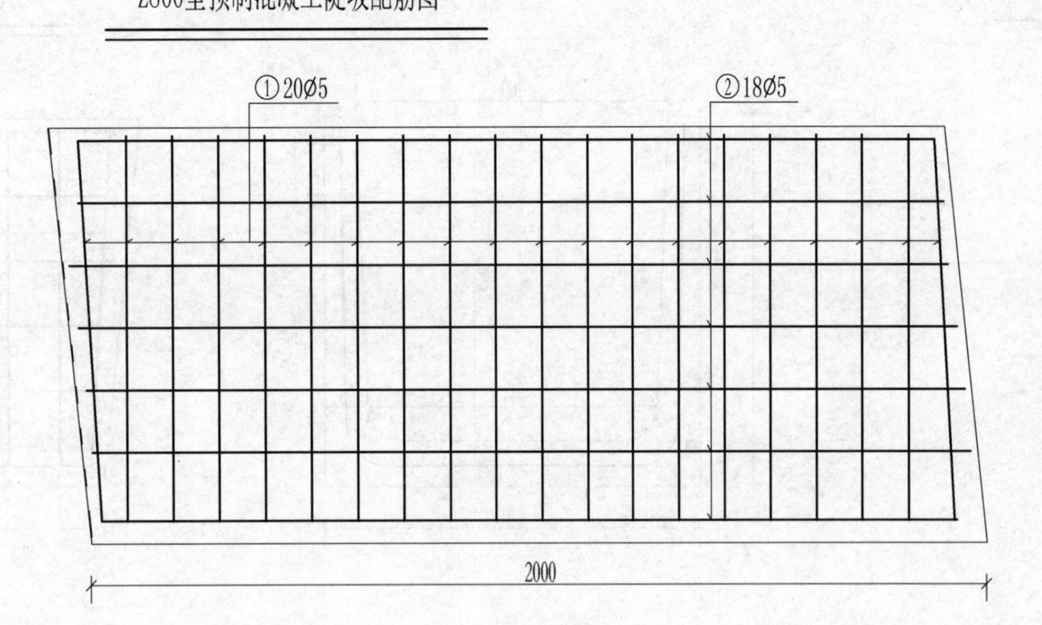

Z800型预制混凝土陡坡钢筋明细表

编号	直径/mm	形式	长度/mm	数量/根	总长度/m	单位质量/(kg/m)	总质量/kg
①	5	742 742 R80 652 132	2400	20	48.00	0.1531	7.348
②	5	1950	1950	18	35.10	0.1531	5.374
合计							12.722

说明：

1. 图中尺寸均以mm计；
2. 混凝土强度等级C50 F300；
3. 钢筋强度等级为HPB235；
4. 预制混凝土构件一端预制22mm×2mm凹槽；
5. 构件弯曲强力大于27.0kN；
6. 遇水膨胀止水胶条长度2440mm。

图号	8-7
图名	Z800型预制混凝土陡坡

Z1000型预制混凝土陡坡

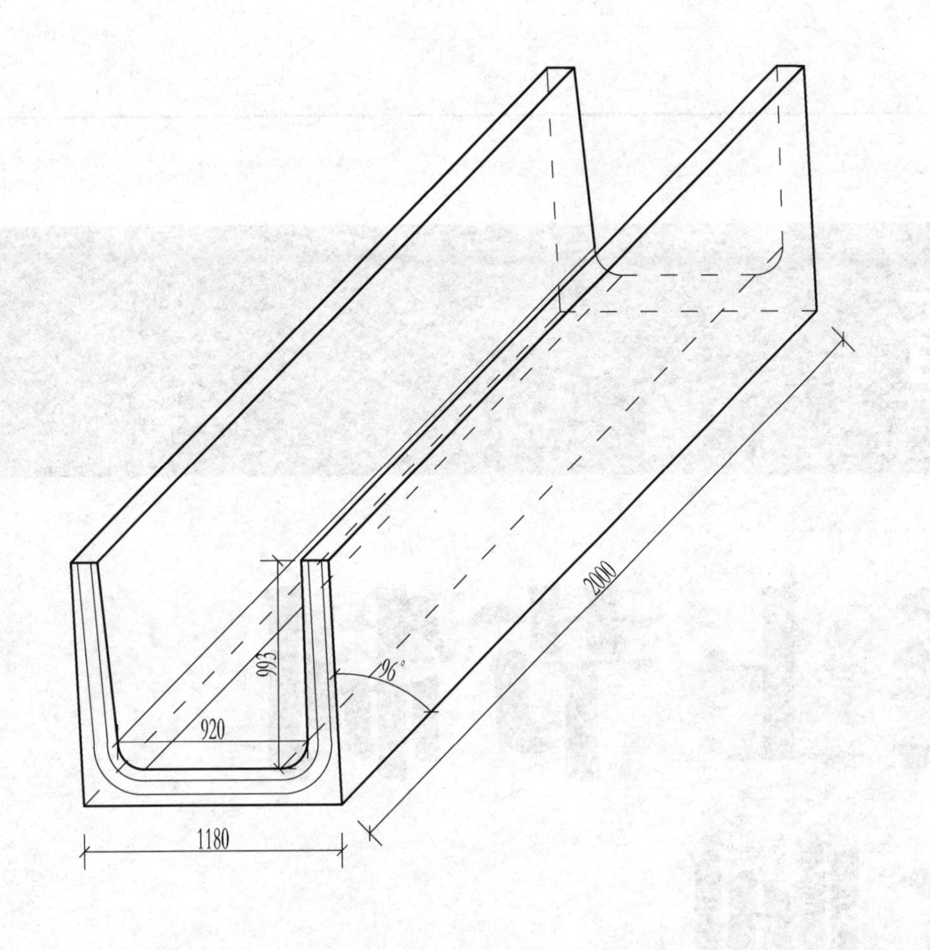

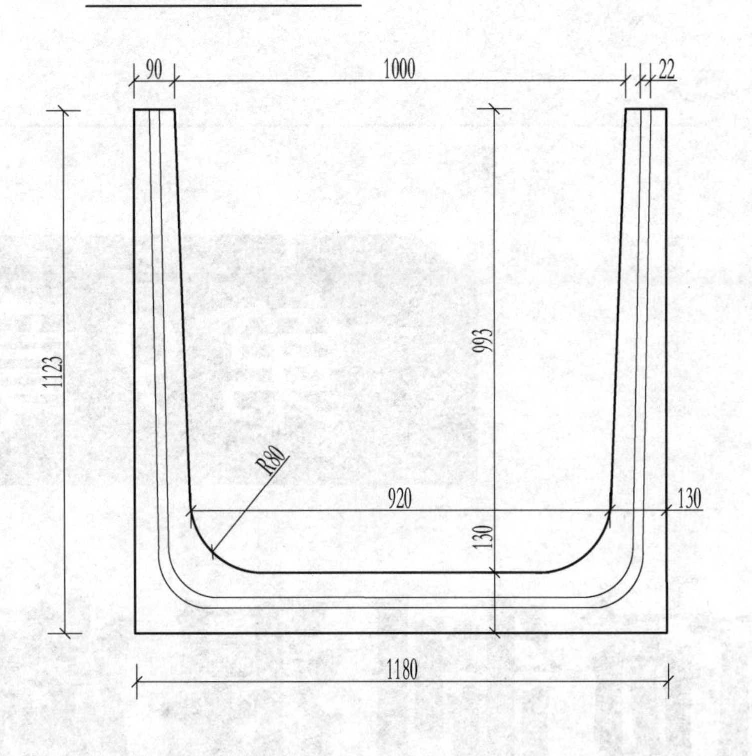

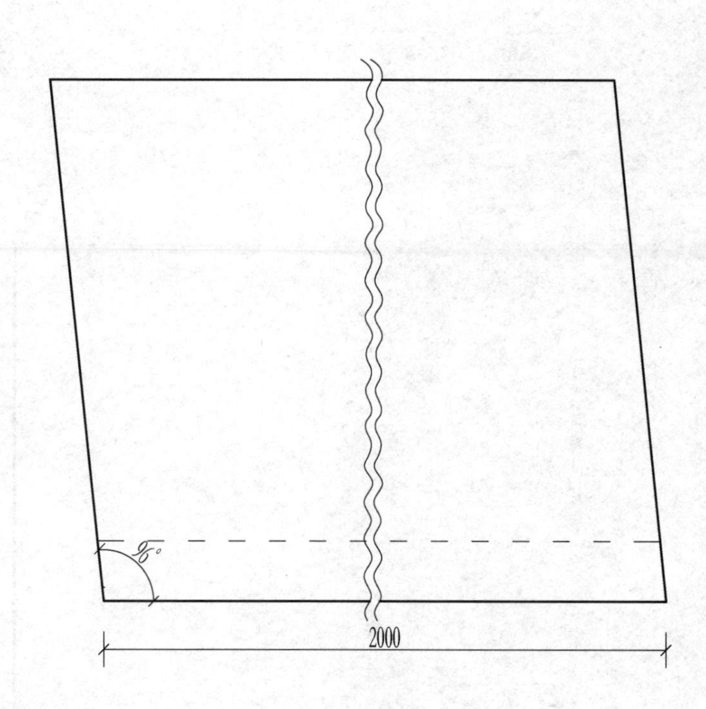

Z1000型预制混凝土陡坡配筋图

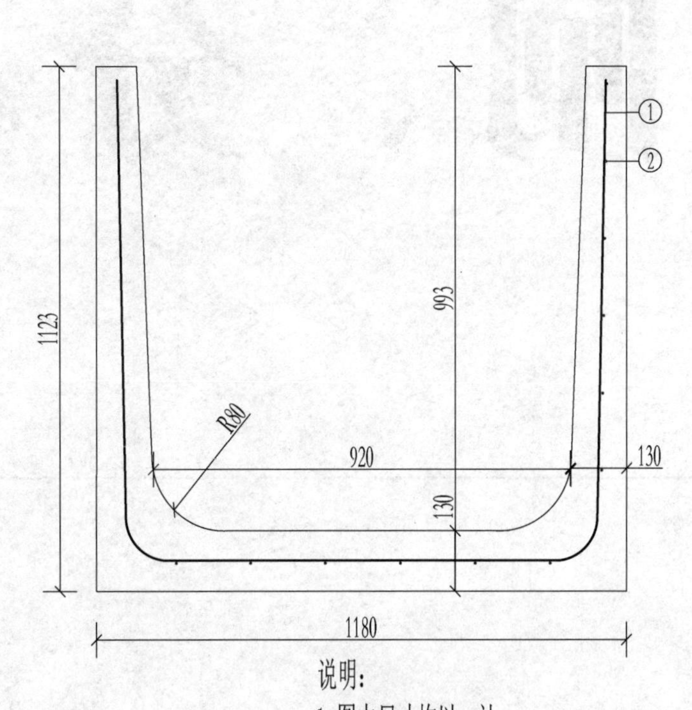

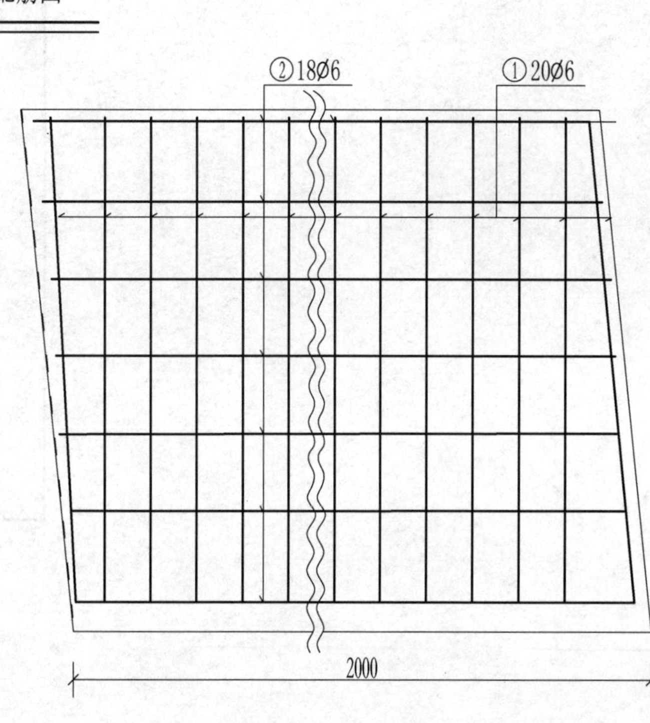

Z1000型预制混凝土陡坡钢筋明细表

编号	直径/mm	形式	长度/mm	数量/根	总长度/m	单位质量/(kg/m)	总质量/kg
①	6	943 R80 850 943 132	3000	20	60.00	0.222	13.320
②	6	1950	1950	18	35.10	0.222	7.792
合计							21.112

说明：

1. 图中尺寸均以mm计；
2. 混凝土强度等级C50 F300；
3. 钢筋强度等级为HPB235；
4. 预制混凝土构件一端预制22mm×2mm凹槽；
5. 构件弯曲强力大于37.5kN；
6. 遇水膨胀止水胶条长度3040mm。

图号	8-8
图名	Z1000型预制混凝土陡坡

第9章

预制混凝土节制闸、分水闸

Z300型预制混凝土节制闸、分水闸

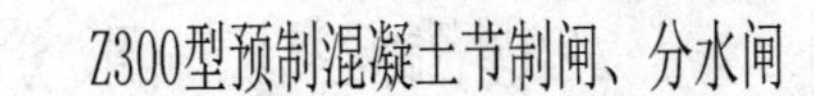

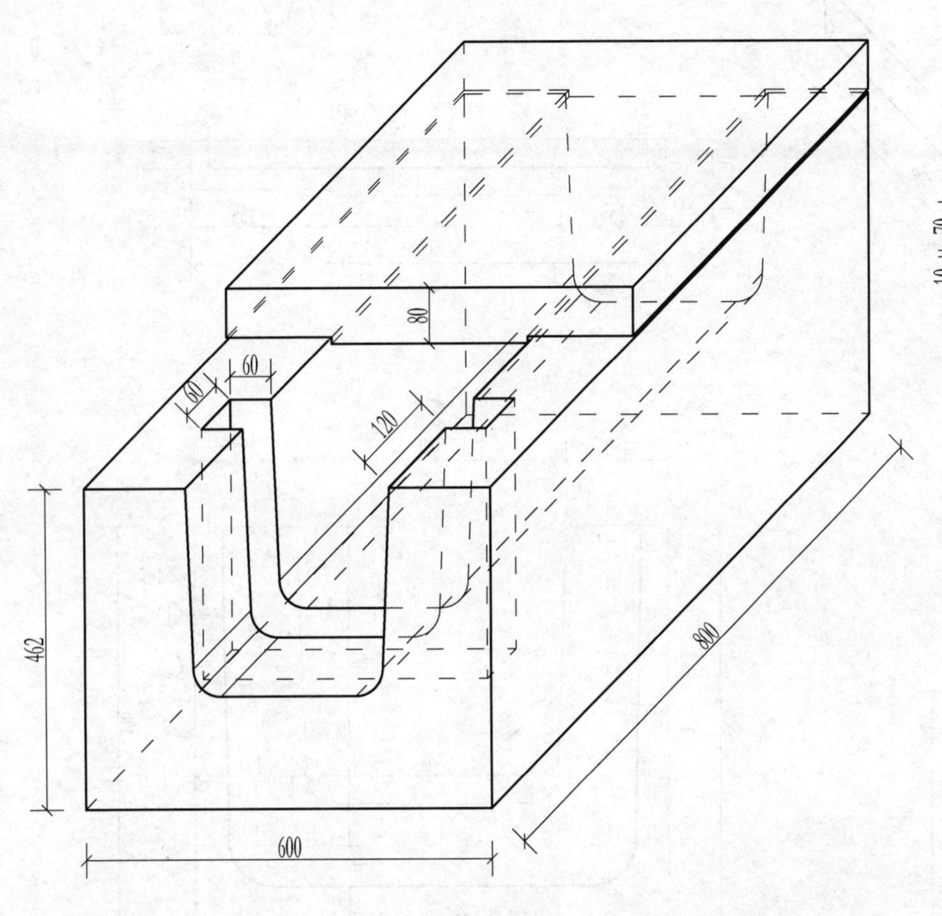

Z300型节制闸、分水闸盖板尺寸图

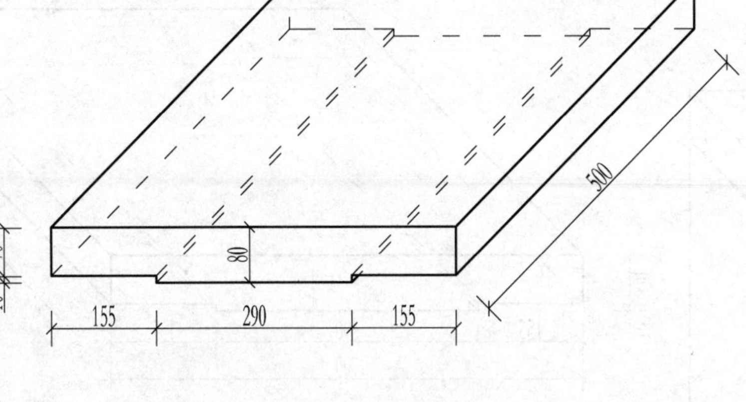
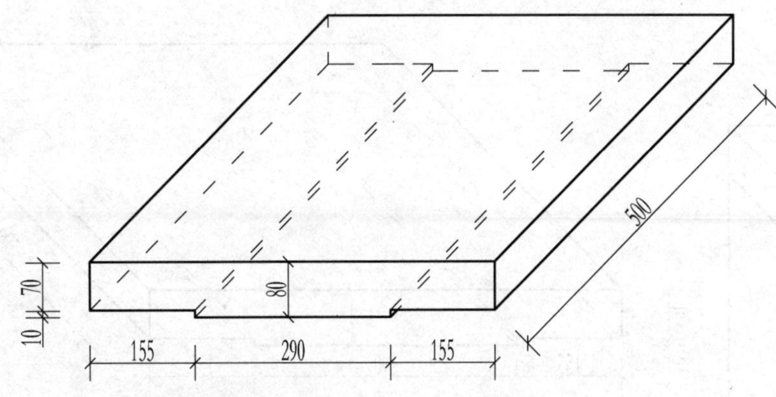

Z300型预制混凝土节制闸、分水闸配筋图

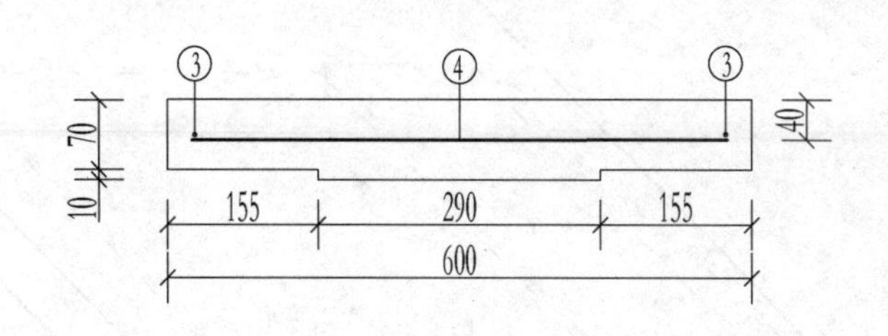

Z300型节制闸、分水闸闸门槽断面图

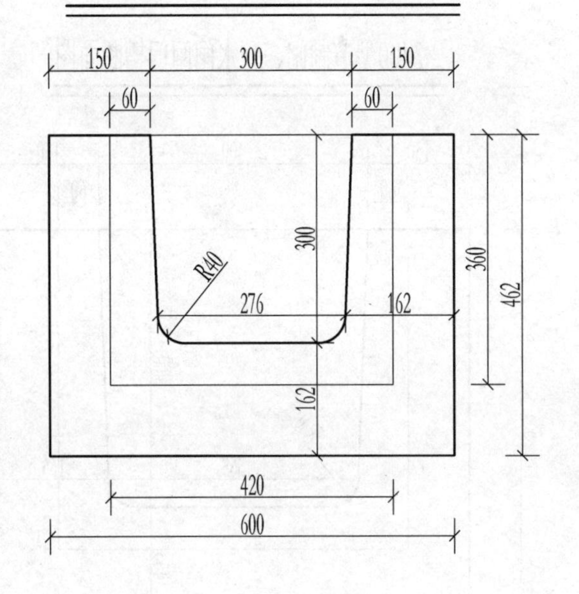

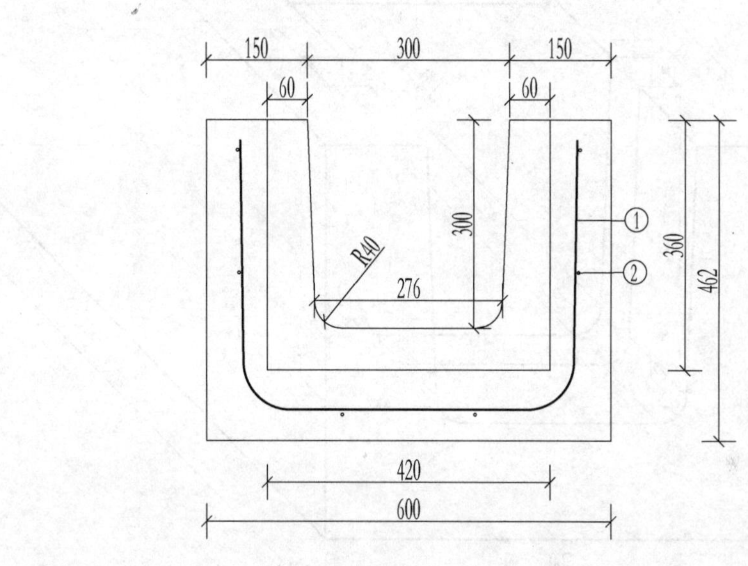

Z300型预制混凝土节制闸、分水闸钢筋明细表

编号	直径/mm	形　　式	长度/mm	数量/根	总长度/m	单位质量/(kg/m)	总质量/kg
①	6	320 320 R40 350 65	1120	5	5.600	0.222	1.243
②	6	740	740	6	4.440	0.222	0.986
③	6	440	440	3	1.320	0.222	0.293
④	6	540	540	4	2.160	0.222	0.480
合　　计							3.002

说明：

1. 图中尺寸均以mm计；
2. 混凝土强度等级C50 F300；
3. 钢筋强度等级为HPB235；
4. 预制混凝土构件两端预制22mm×2mm凹槽；
5. 闸门槽构件弯曲强力大于15.0kN；
6. 盖板弯曲强力大于15.0kN；
7. 遇水膨胀止水胶条长度920mm。

图号	9-1
图名	Z300型预制混凝土节制闸、分水闸

Z400型预制混凝土节制闸、分水闸

Z400型节制闸、分水闸盖板尺寸图

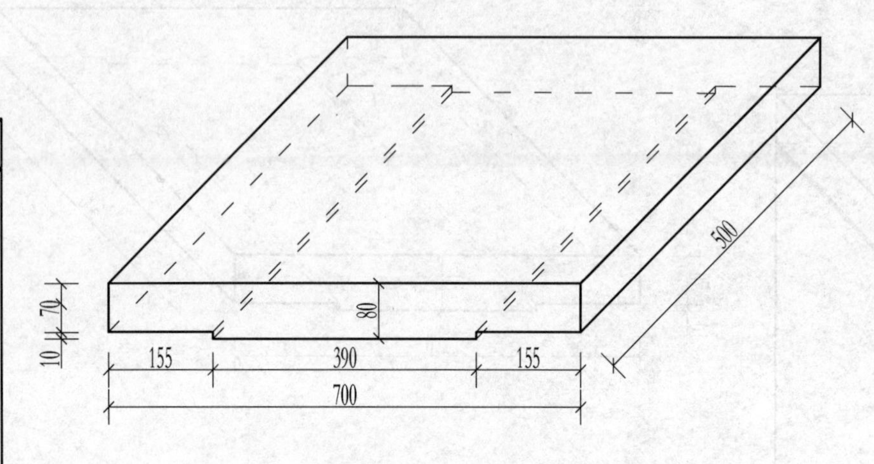

Z400型节制闸、分水闸闸门槽断面图

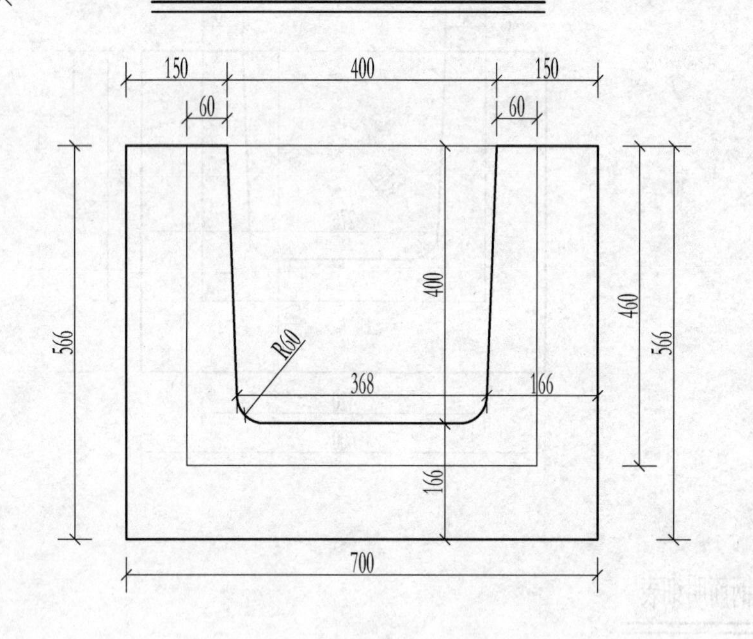

Z400型预制混凝土节制闸、分水闸配筋图

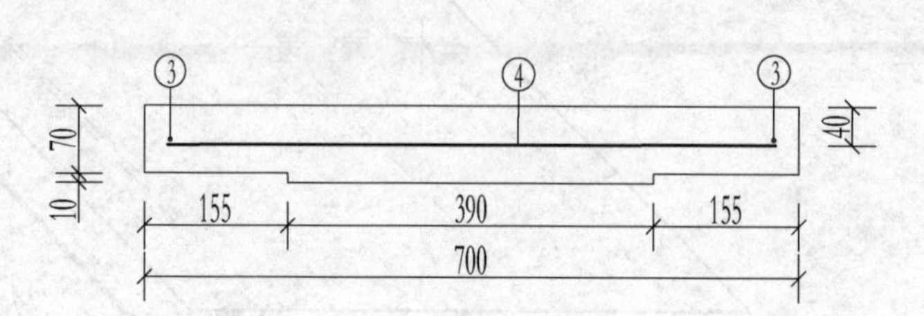

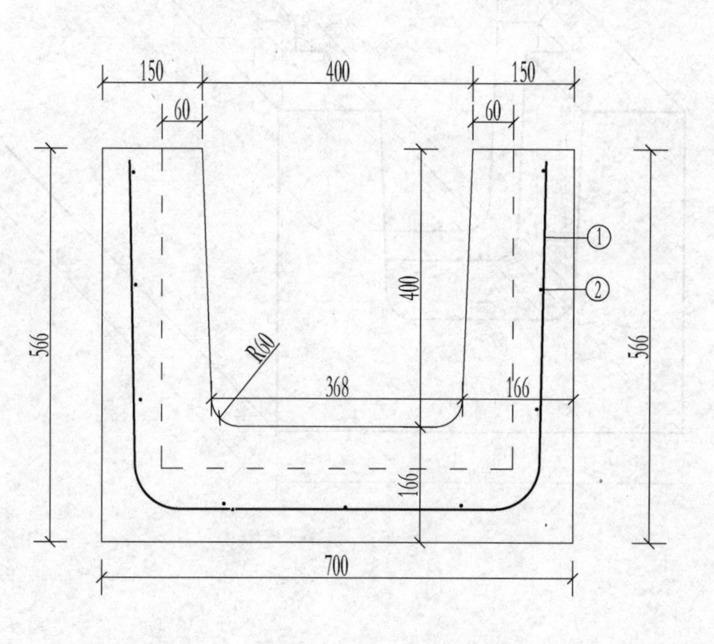

Z400型预制混凝土节制闸、分水闸钢筋明细表

编号	直径/mm	形式	长度/mm	数量/根	总长度/m	单位质量/(kg/m)	总质量/kg
①	6	R60 420 450 420 70	1430	5	7.150	0.222	1.587
②	6	740	740	6	4.440	0.222	0.986
③	6	440	440	3	1.320	0.222	0.293
④	6	640	640	4	2.560	0.222	0.568
合计							3.434

说明：

1. 图中尺寸均以mm计；
2. 混凝土强度等级C50 F300；
3. 钢筋强度等级为HPB235；
4. 预制混凝土构件两端预制22mm×2mm凹槽；
5. 闸门槽构件弯曲强力大于11.6kN；
6. 盖板弯曲强力大于15.0kN；
7. 遇水膨胀止水胶条长度1220mm。

图号	9-2
图名	Z400型预制混凝土节制闸、分水闸

Z500型预制混凝土节制闸、分水闸

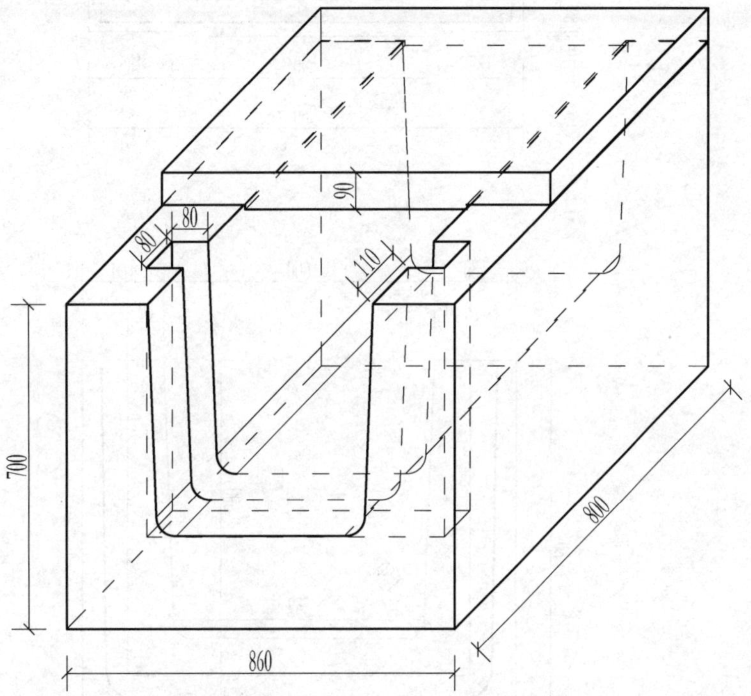

Z500型节制闸、分水闸盖板尺寸图

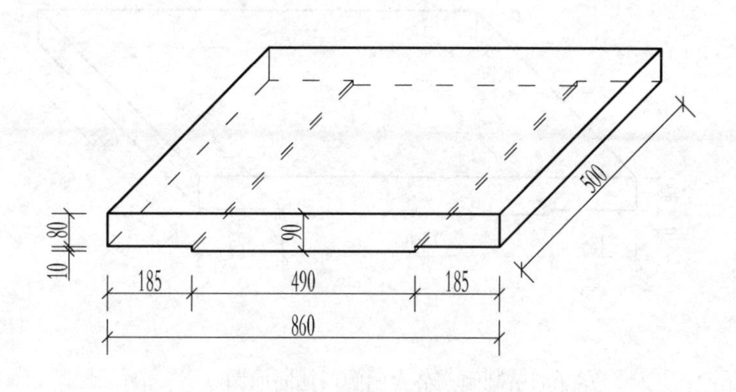

Z500型节制闸、分水闸闸门槽断面图

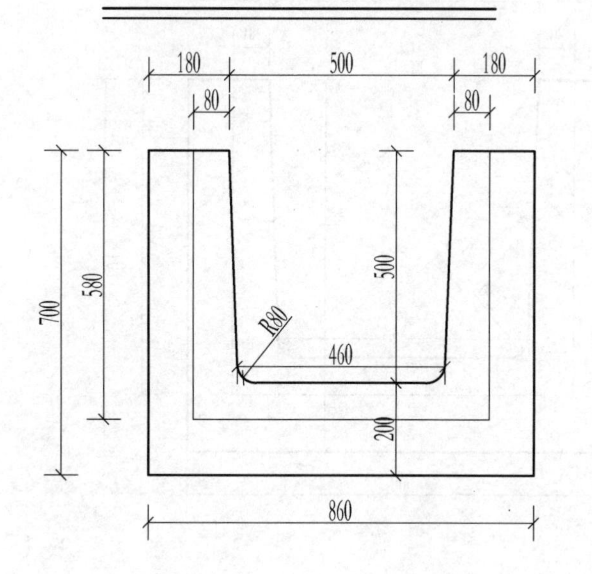

Z500型预制混凝土节制闸、分水闸配筋图

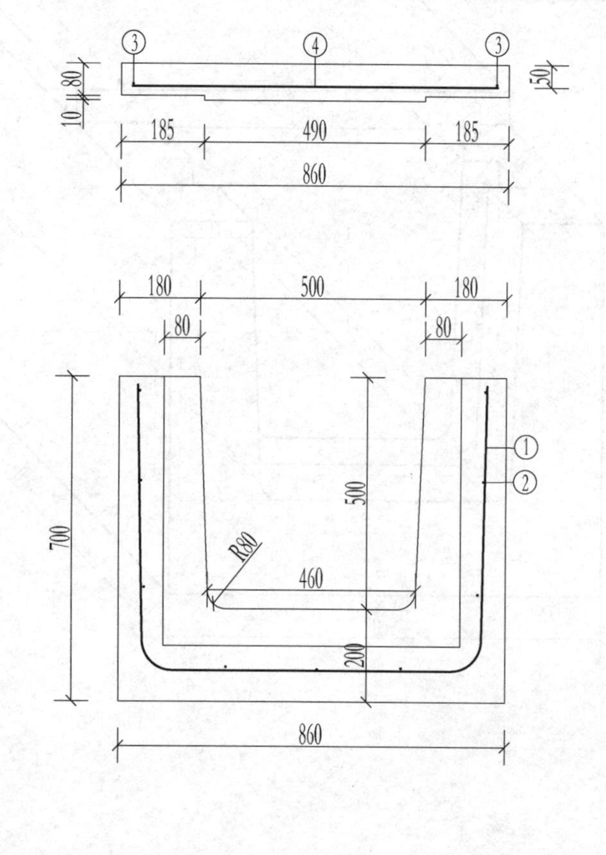

Z500型预制混凝土节制闸、分水闸钢筋明细表

编号	直径/mm	形　　式	长度/mm	数量/根	总长度/m	单位质量/(kg/m)	总质量/kg
①	6	520 R80 550 520 125	1840	5	9.200	0.222	2.042
②	6	740	740	6	4.440	0.222	0.986
③	6	440	440	3	1.320	0.222	0.293
④	6	800	800	4	3.200	0.222	0.710
合　　计							4.031

说明：

1. 图中尺寸均以mm计；
2. 混凝土强度等级C50 F300；
3. 钢筋强度等级为HPB235；
4. 预制混凝土构件两端预制22mm×2mm凹槽；
5. 闸门槽构件弯曲强力大于13.5kN；
6. 盖板弯曲强力大于15.0kN；
7. 遇水膨胀止水胶条长度1520mm。

图号	9-3
图名	Z500型预制混凝土节制闸、分水闸

Z600型预制混凝土节制闸、分水闸

Z600型节制闸、分水闸盖板尺寸图

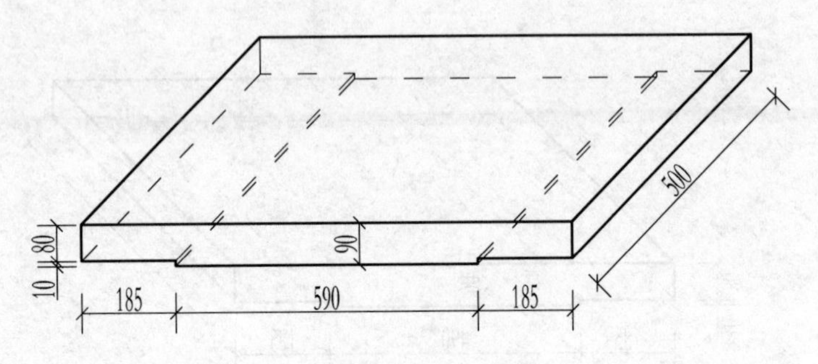

Z600型预制混凝土节制闸、分水闸配筋图

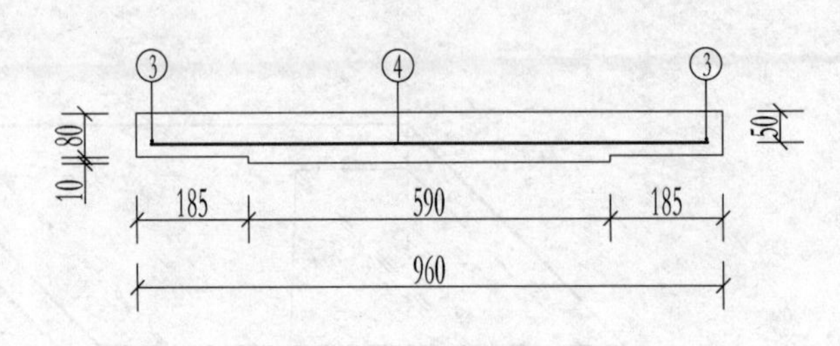

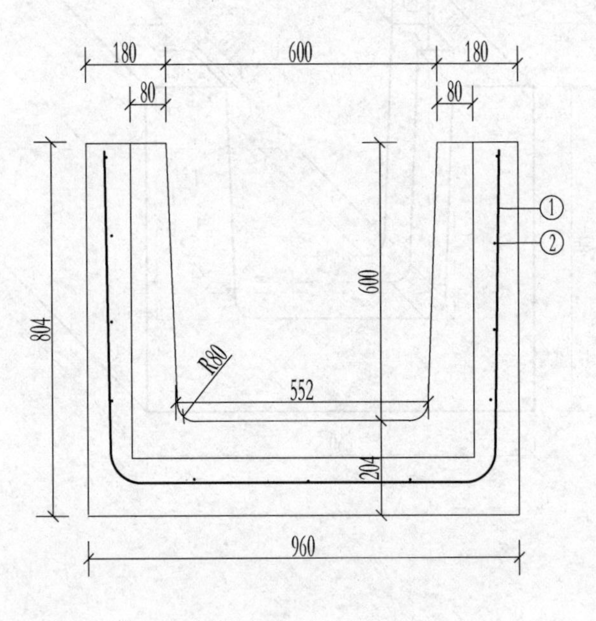

Z600型节制闸、分水闸闸门槽断面图

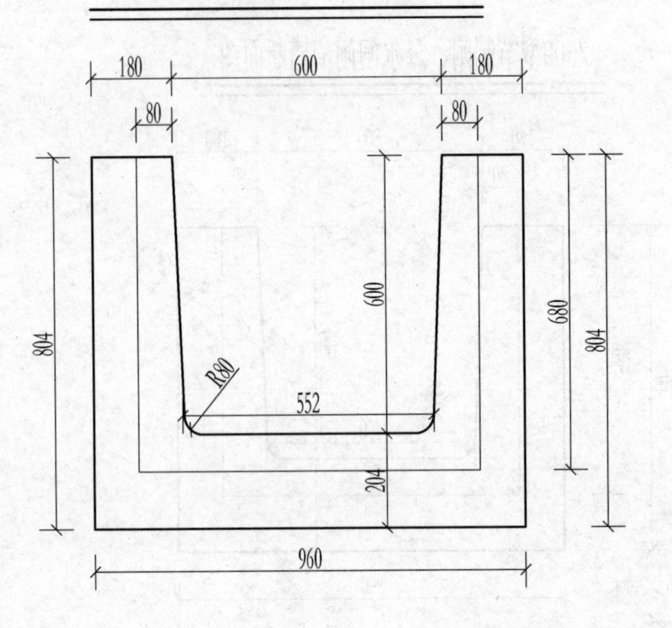

Z600型预制混凝土节制闸、分水闸钢筋明细表

编号	直径/mm	形式	长度/mm	数量/根	总长度/m	单位质量/(kg/m)	总质量/kg
①	6	620 620 R80 650 125	2140	5	10.70	0.222	2.375
②	6	740	740	9	6.660	0.222	1.479
③	6	440	440	3	1.320	0.222	0.293
④	6	900	900	4	3.600	0.222	0.799
合计							4.946

说明：

1. 图中尺寸均以mm计；
2. 混凝土强度等级C50 F300；
3. 钢筋强度等级为HPB235；
4. 预制混凝土构件两端预制22mm×2mm凹槽；
5. 闸门槽构件弯曲强力大于10.5kN；
6. 盖板弯曲强力大于15.0kN；
7. 遇水膨胀止水胶条长度1820mm。

图号	9-4
图名	Z600型预制混凝土节制闸、分水闸

Z700型预制混凝土节制闸、分水闸

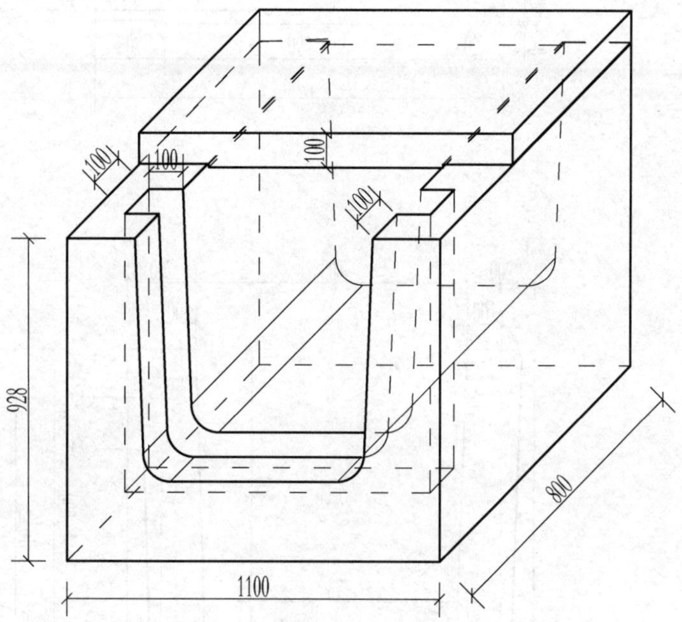

Z700型节制闸、分水闸盖板尺寸图

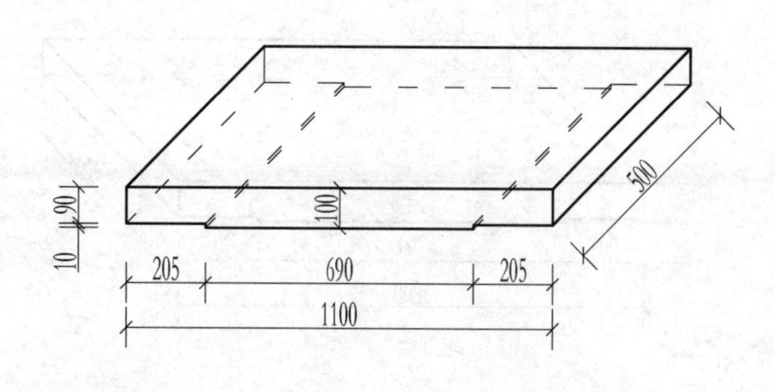

Z700型节制闸、分水闸闸门槽断面图

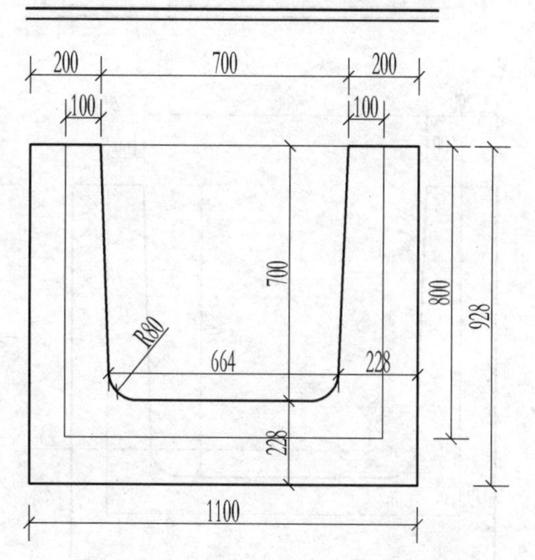

Z700型预制混凝土节制闸、分水闸配筋图

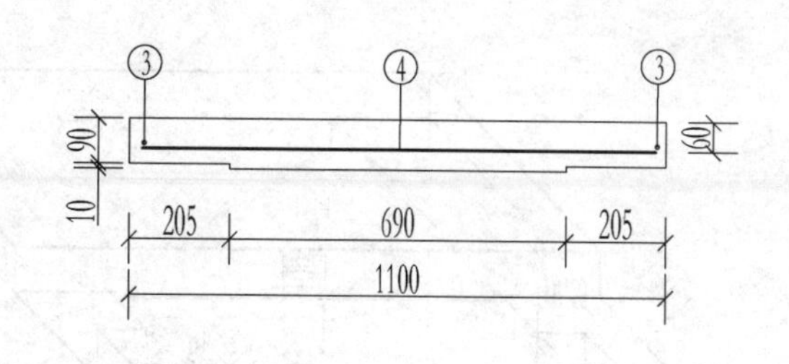

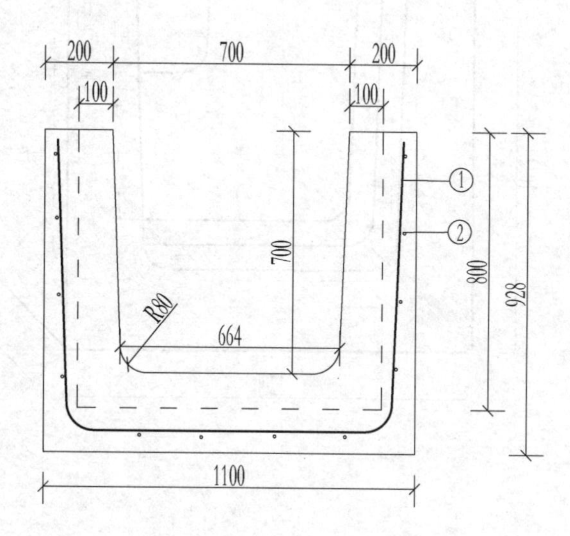

Z700型预制混凝土节制闸、分水闸钢筋明细表

编号	直径/mm	形　式	长度/mm	数量/根	总长度/m	单位质量/(kg/m)	总质量/kg
①	6	720 720 R80 750 125	2440	5	12.20	0.222	2.708
②	6	740	740	12	8.880	0.222	1.971
③	6	440	440	3	1.320	0.222	0.293
④	6	1040	1040	4	4.160	0.222	0.924
合　计							5896

说明：

1. 图中尺寸均以mm计；
2. 混凝土强度等级C50 F300；
3. 钢筋强度等级为HPB235；
4. 预制混凝土构件两端预制22mm×2mm凹槽；
5. 闸门槽构件弯曲强力大于10.5kN；
6. 盖板弯曲强力大于15.0kN；
7. 遇水膨胀止水胶条长度2120mm。

图号	9-5
图名	Z700型预制混凝土节制闸、分水闸

Z800型预制混凝土节制闸、分水闸

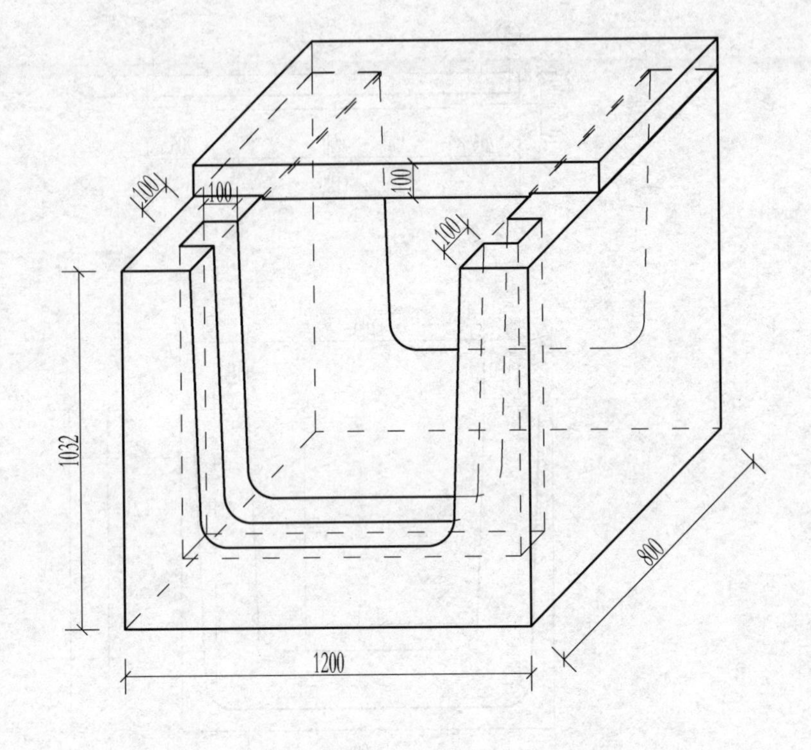

Z800型节制闸、分水闸盖板尺寸图

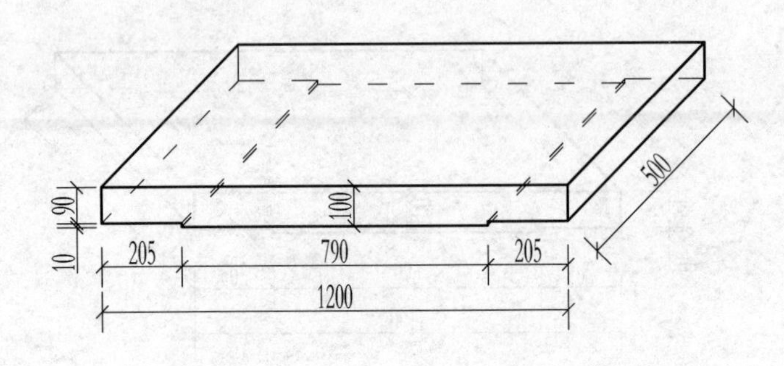

Z800型节制闸、分水闸闸门槽断面图

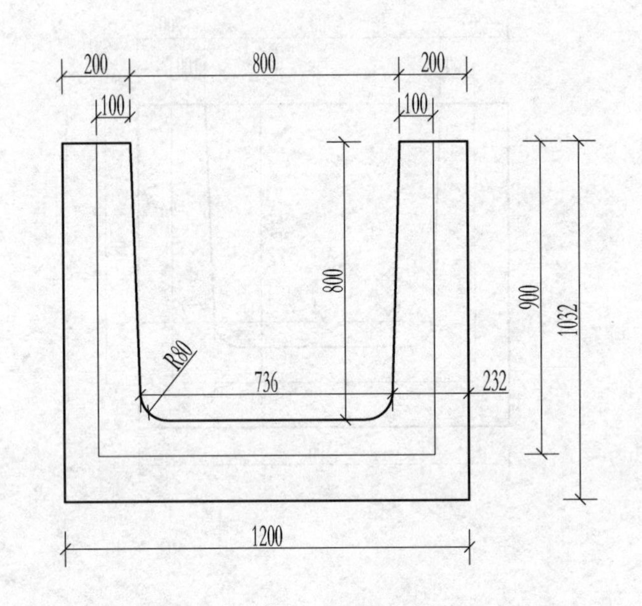

Z800型预制混凝土节制闸、分水闸配筋图

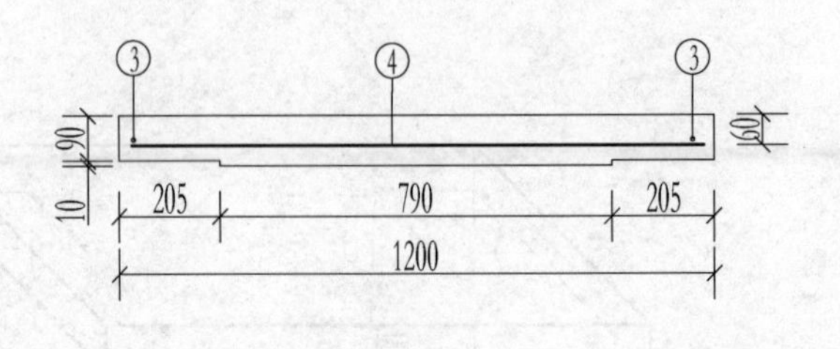

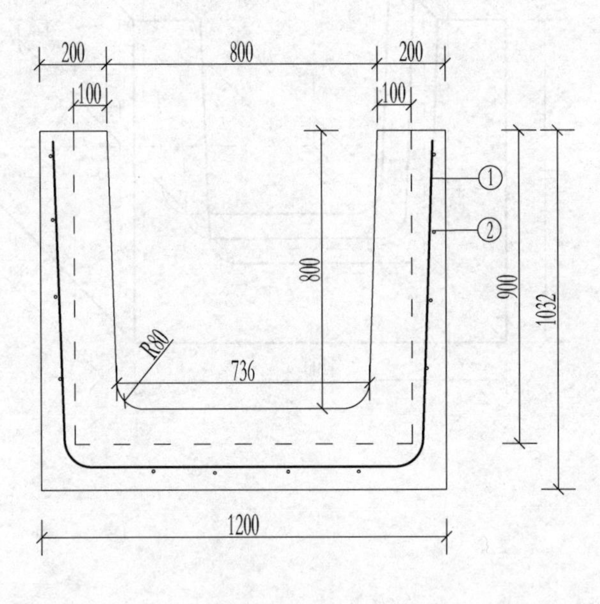

Z800型预制混凝土节制闸、分水闸钢筋明细表

编号	直径/mm	形式	长度/mm	数量/根	总长度/m	单位质量/(kg/m)	总质量/kg
①	6	820 820 R80 850 125	2740	5	13.70	0.222	3.041
②	6	740	740	12	8.880	0.222	1.971
③	6	440	440	3	1.320	0.222	0.293
④	6	1140	1140	5	5.700	0.222	1.265
合计							6.570

说明：

1. 图中尺寸均以mm计；
2. 混凝土强度等级C50 F300；
3. 钢筋强度等级为HPB235；
4. 预制混凝土构件两端预制22mm×2mm凹槽；
5. 闸门槽构件弯曲强力大于11.0kN；
6. 盖板弯曲强力大于15.0kN；
7. 遇水膨胀止水胶条长度2420mm。

图号	9-6
图名	Z800型预制混凝土节制闸、分水闸

Z1000型预制混凝土节制闸、分水闸

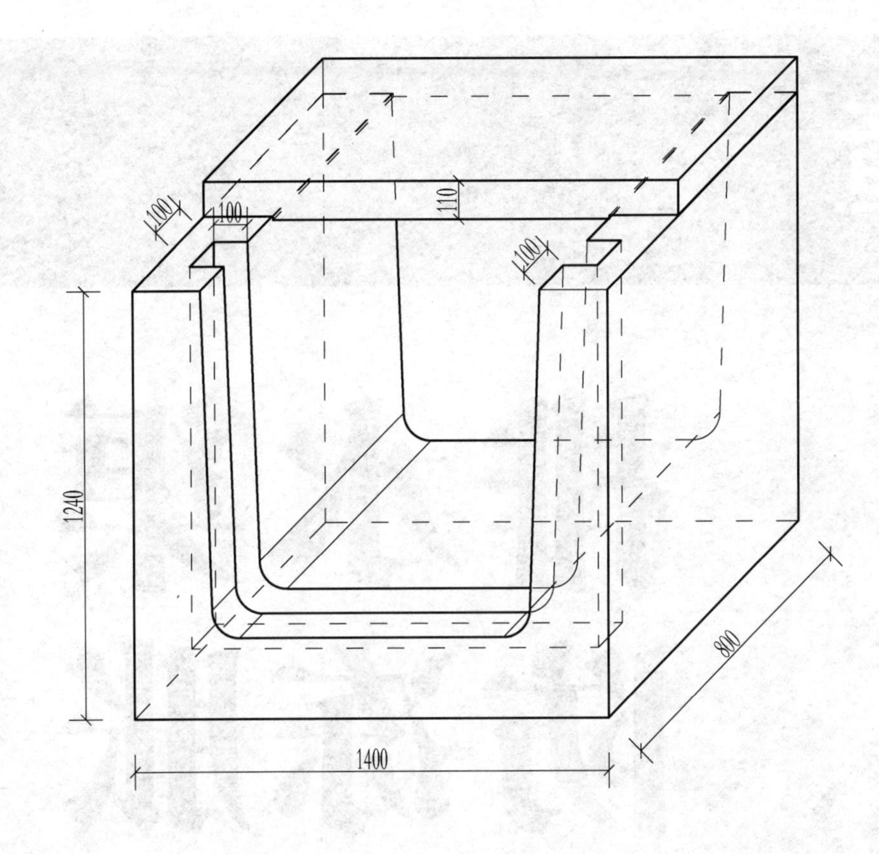

Z1000型节制闸、分水闸盖板尺寸图

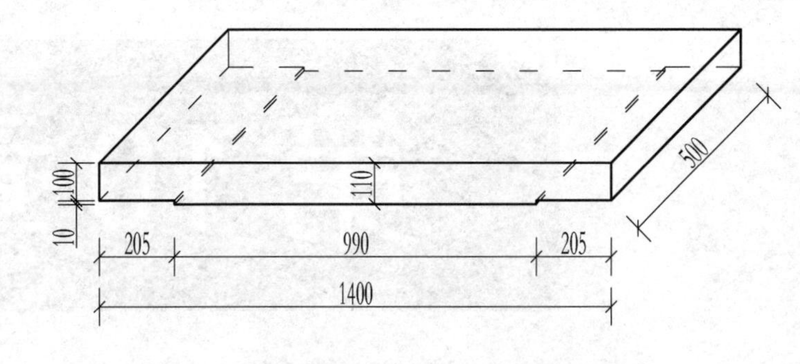

Z1000型节制闸、分水闸闸门槽断面图

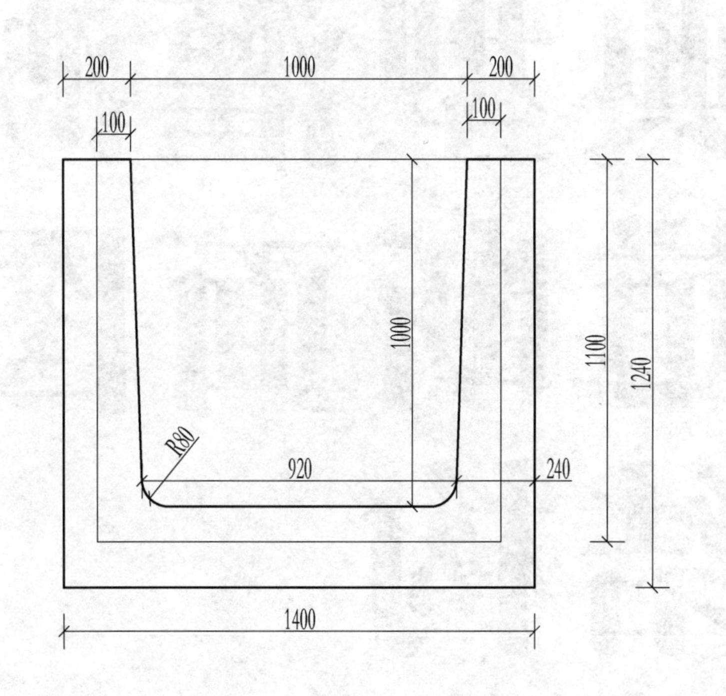

Z1000型预制混凝土节制闸、分水闸配筋图

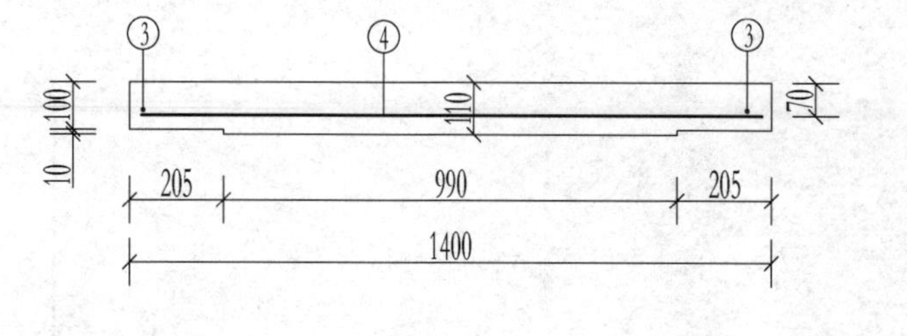

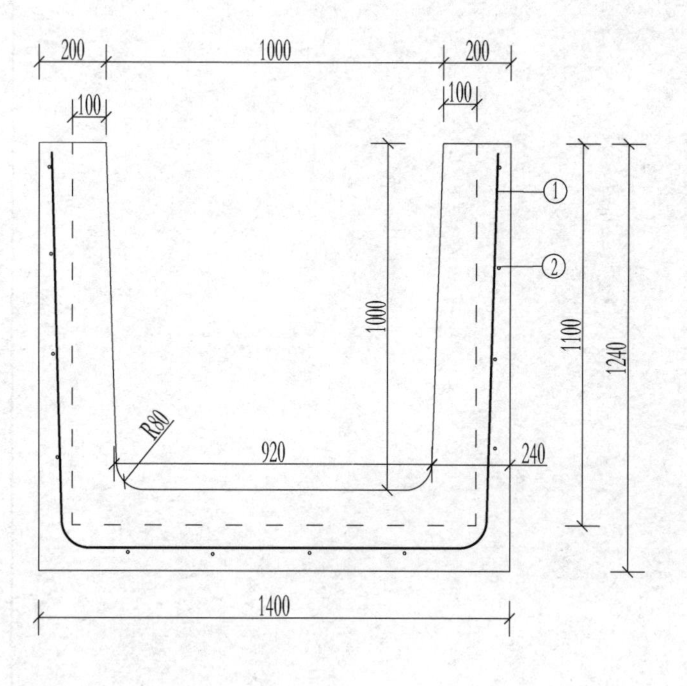

Z1000型预制混凝土节制闸、分水闸钢筋明细表

编号	直径/mm	形　　式	长度/mm	数量/根	总长度/m	单位质量/(kg/m)	总质量/kg
①	6	820 R80 850 820 125	2740	5	13.70	0.222	3.041
②	6	740	740	12	8.880	0.222	1.971
③	6	440	440	3	1.320	0.222	0.293
④	6	1140	1140	5	5.700	0.222	1.265
合　　计							6.573

说明：

1. 图中尺寸均以mm计；
2. 混凝土强度等级C50 F300；
3. 钢筋强度等级为HPB235；
4. 预制混凝土构件两端预制22mm×2mm凹槽；
5. 闸门槽构件弯曲强力大于15.0kN；
6. 盖板弯曲强力大于15.0kN；
7. 遇水膨胀止水胶条长度3030mm。

图号	9-7
图名	Z1000型预制混凝土节制闸、分水闸

第10章

典型灌溉、排水渠道断面图、防冻胀结构

典型填方灌溉渠道断面图

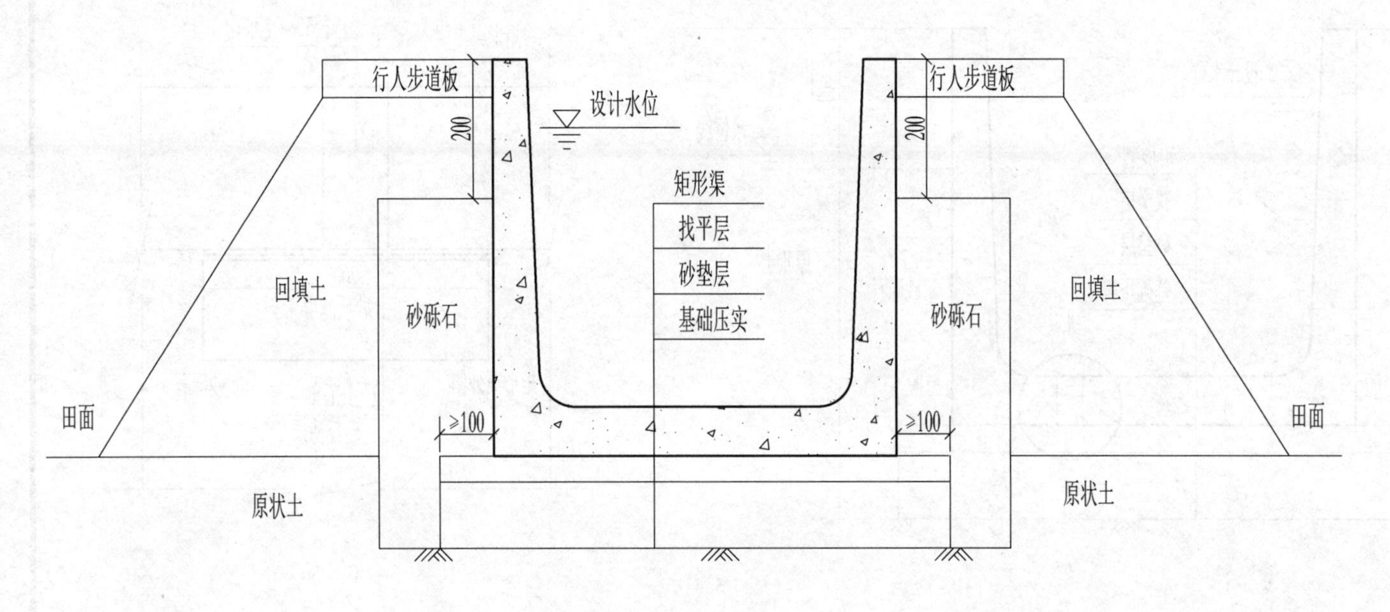

典型半挖半填灌溉渠道断面图

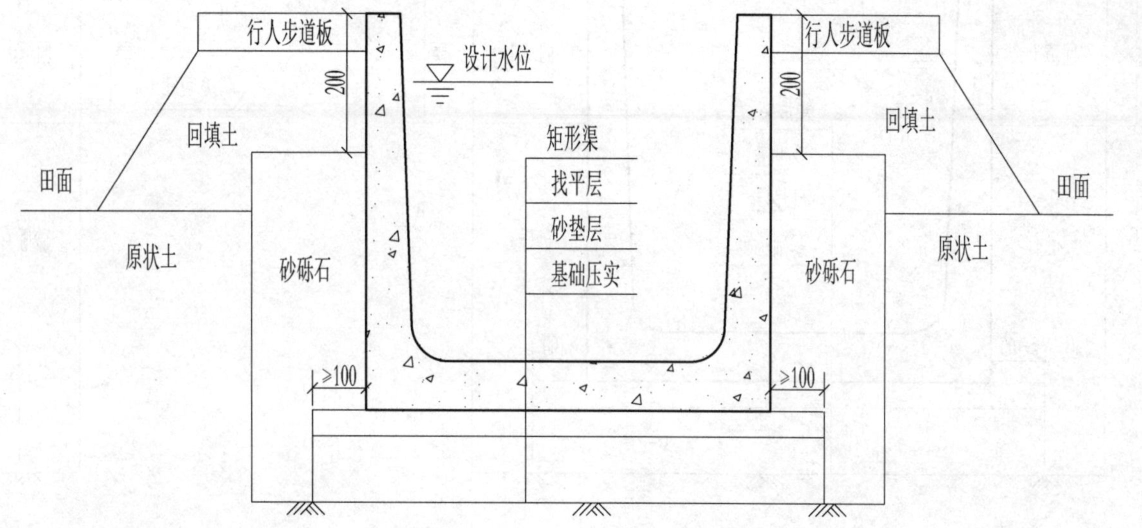

典型挖方灌溉渠道断面图

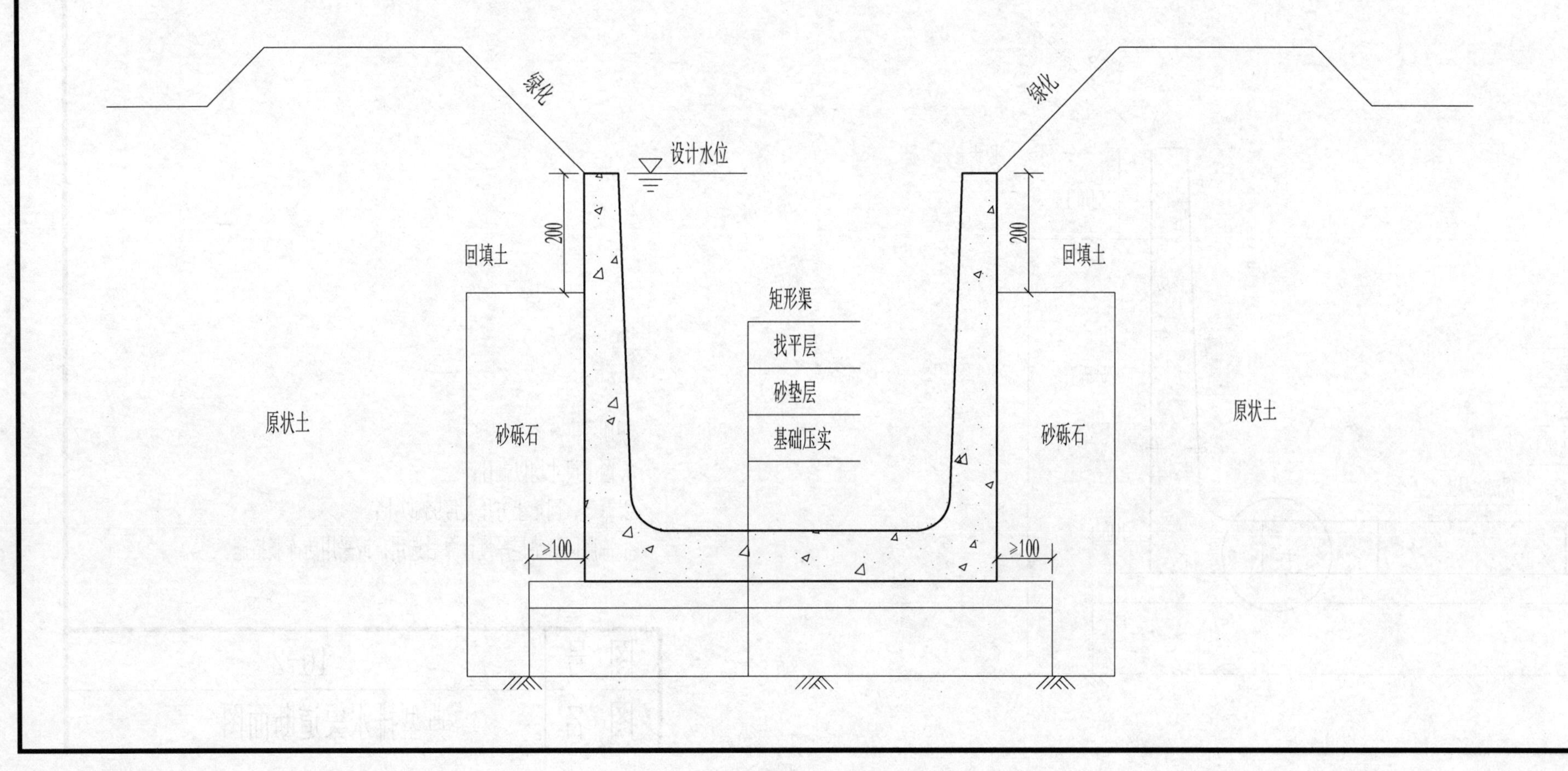

说明：
1. 图中尺寸均以mm计；
2. 基础、回填土方压实度95%以上；
3. 冻胀区砂垫层、砂砾石厚度计算后选用，或采用防冻胀措施。

图号	10-1
图名	典型灌溉渠道断面图

典型排水渠道断面图

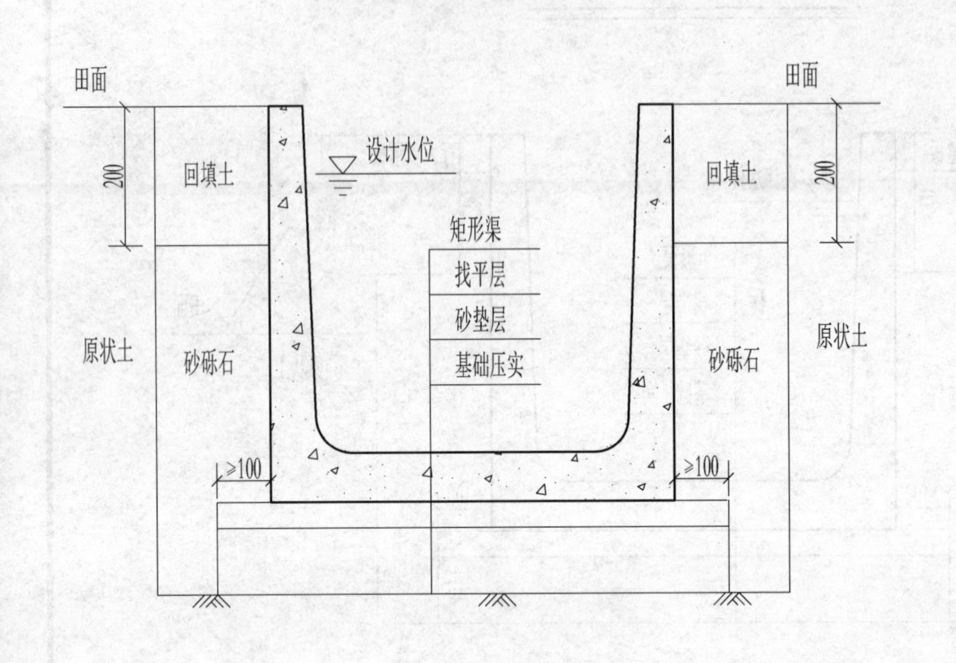

高地下水位典型排水渠道断面图

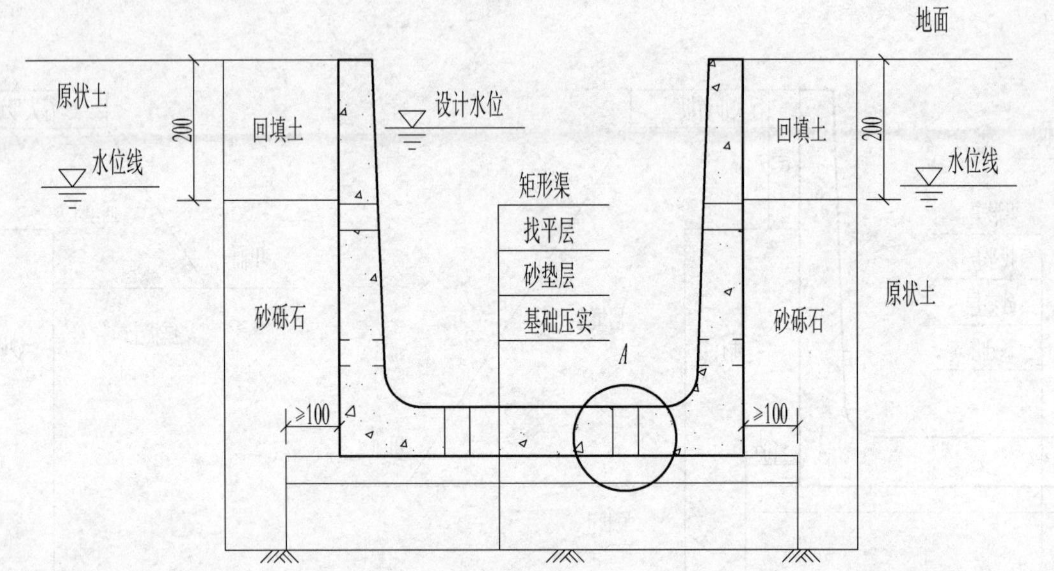

A 排水孔结构大样图

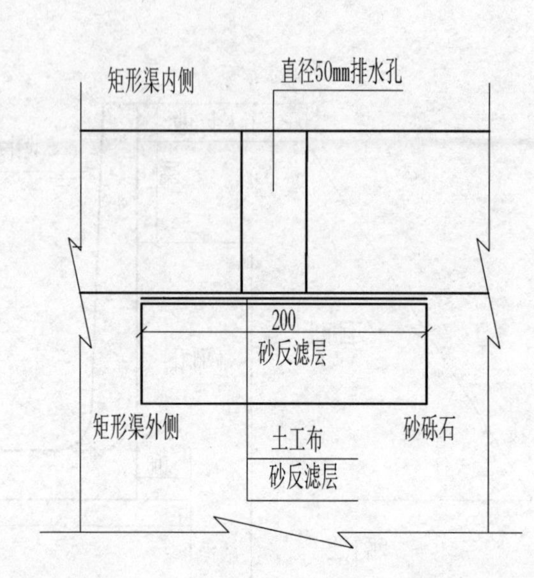

典型生态排水渠道断面图

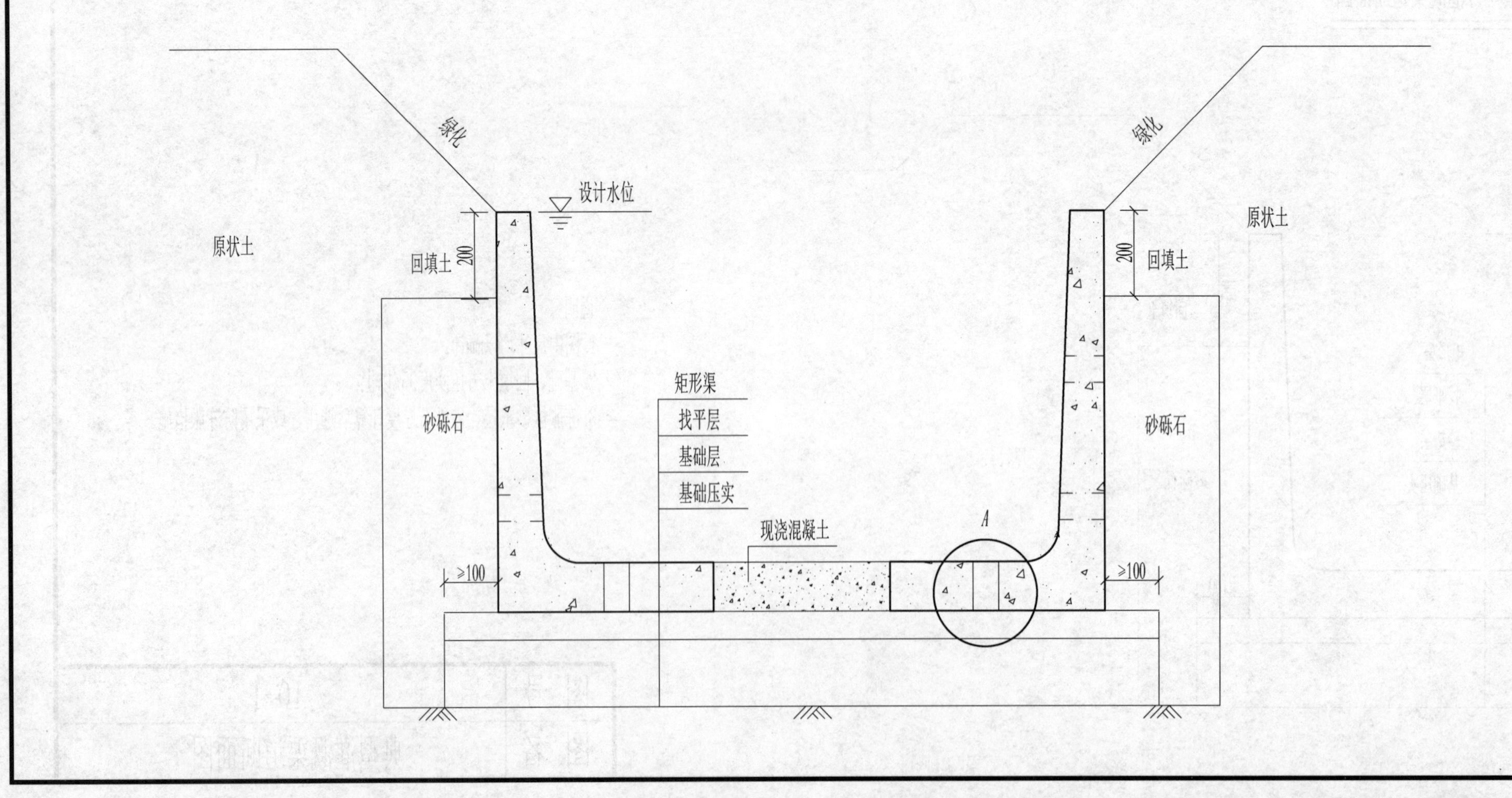

说明：

1. 图中尺寸均以mm计；
2. 基础、回填土方压实度95%以上；
3. 冻胀区砂垫层厚度计算后选用，或采用防冻胀措施。

图 号	10-2
图 名	典型排水渠道断面图

保温技术防冻胀结构

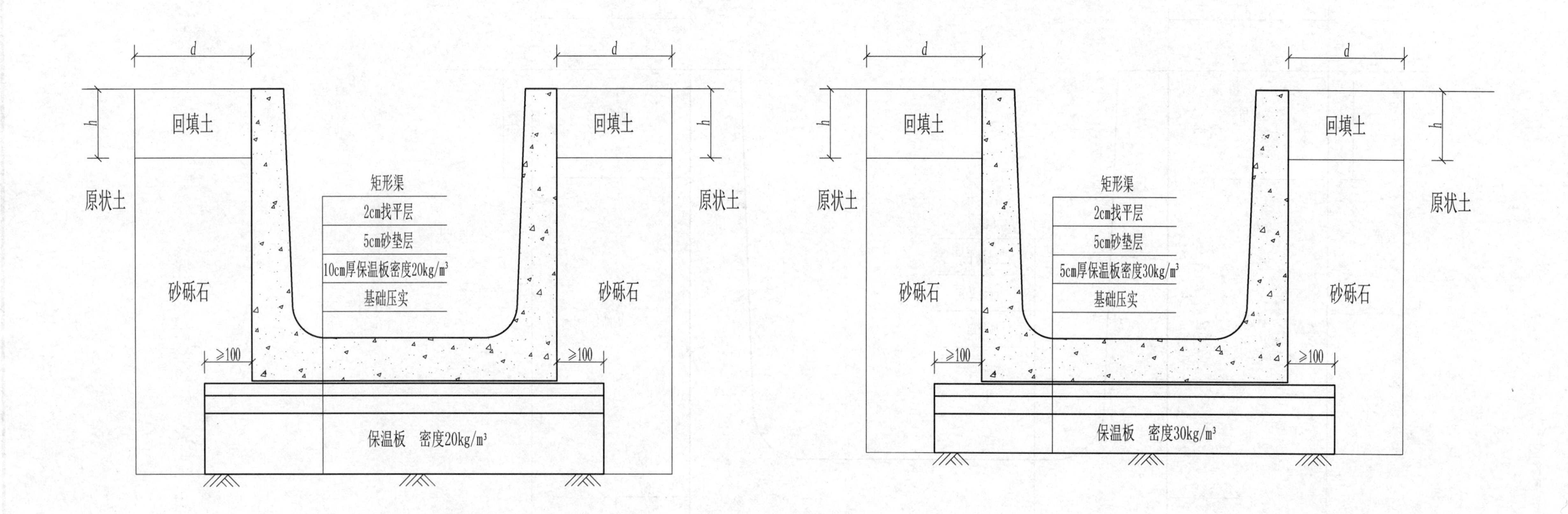

说明：

1. 图中尺寸均以mm计；
2. 基础土方压实度95%以上；
3. 置换的材料的要求如表1.1，材料中0.075mm以下颗粒含量不应大于5%，砾石中的砂含量不宜大于40%。置换垫层宜采用土工布包裹隔离；
4. 保温板宜采用密度大于20kg/m³的EPS或XPS板，其质量应符合表1.2和表1.3的要求；
5. 矩形渠两侧换填材料、范围参照GB 50600《渠道防渗工程技术规范》执行。

图 号	10-3
图 名	保温技术防冻胀结构

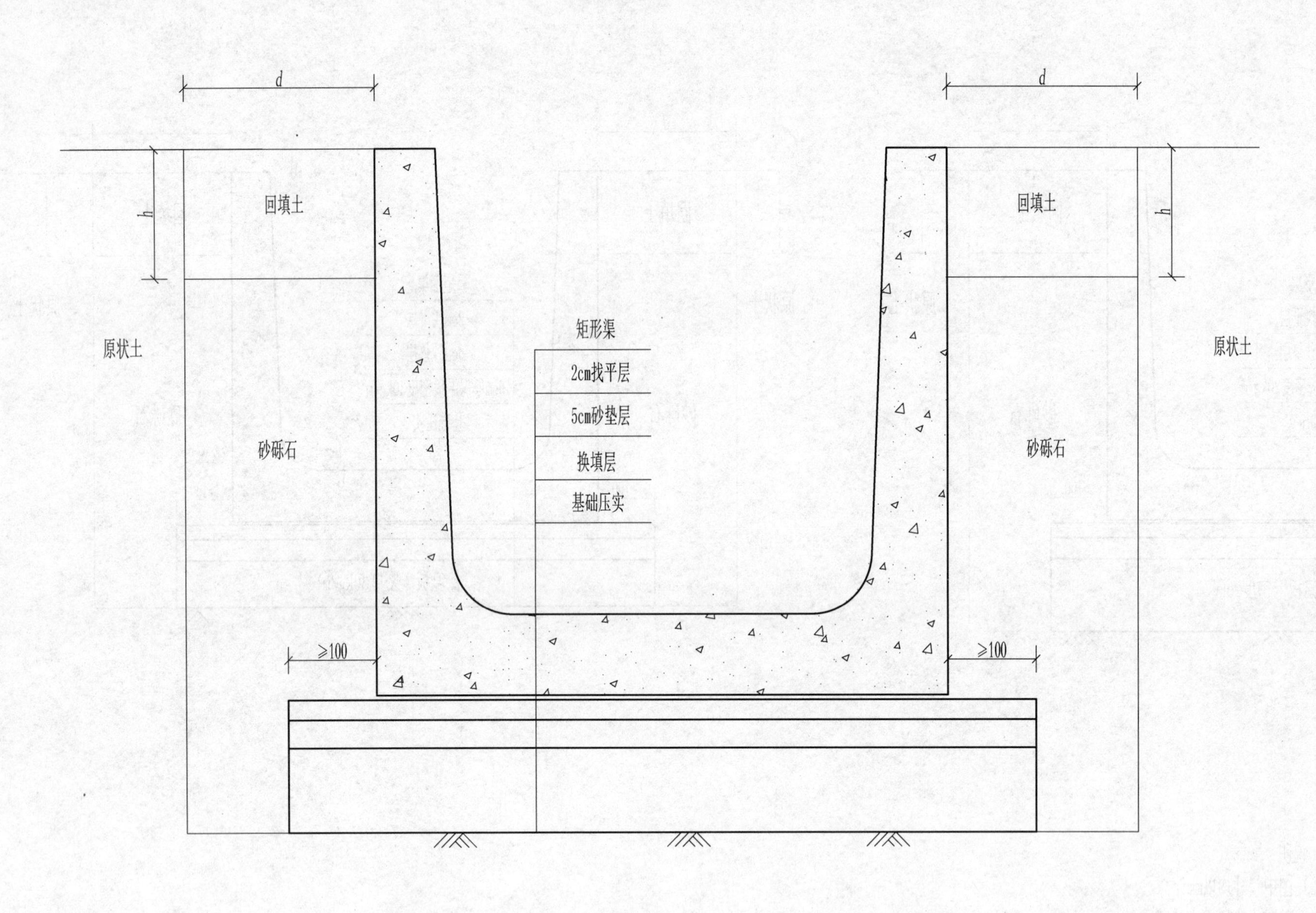

说明：

1.图中尺寸均以mm计；

2.基础土方压实度95%以上；

3.置换的材料的要求如表1.1，材料中0.075mm以下颗粒含量不应大于5%，砾石中的砂含量不宜大于40%。置换垫层宜采用土工布包裹隔离；

4.矩形渠两侧换填材料、范围参照GB 50600《渠道防渗工程技术规范》执行。

图号	10-4
图名	换填技术防冻胀结构

改良土技术防冻胀结构

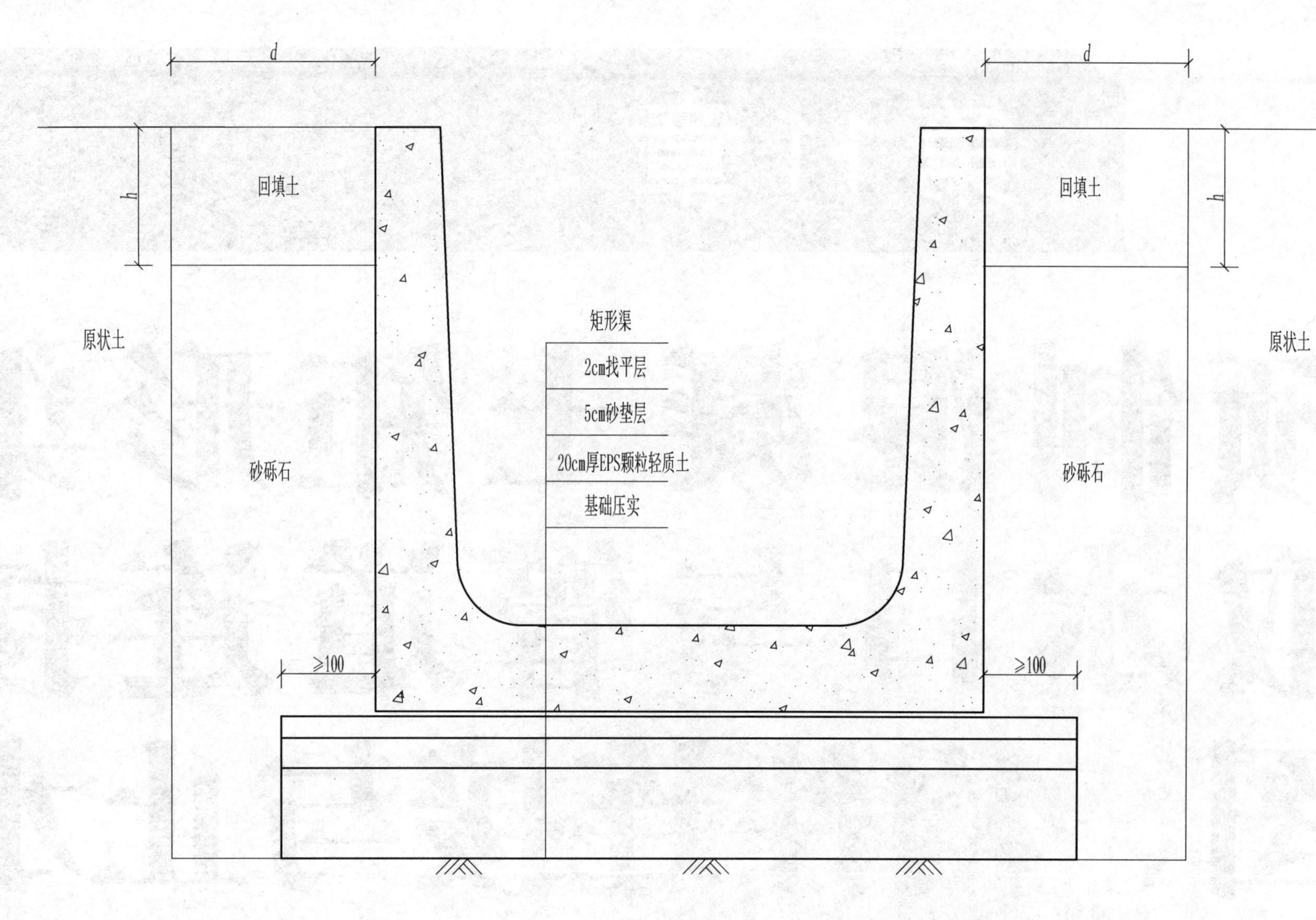

说明：

1.图中尺寸均以mm计；

2.基础土方压实度95%以上；

3.EPS颗粒轻质土技术要求按表10.1执行；

4.置换的材料的要求如表1.1，材料中0.075mm以下颗粒含量不应大于5%，砾石中的砂含量不宜大于40%。置换垫层宜采用土工布包裹隔离；

5.矩形渠两侧换填材料、范围参照GB 50600《渠道防渗工程技术规范》执行。

EPS颗粒轻质土技术要求

垫层名称	土/%	水泥/%	水/%	EPS颗粒/%	界面处理剂/%	引气剂/%	减水剂/%	密度/(kg/m^3)	导热系数/[W/(m·K)]
掺4%EPS颗粒轻质土	100	20	45	4	15	0.1	0.5	0.86	0.718

图号	10-5
图名	改良土技术防冻胀结构

第 11 章

预制混凝土矩形渠取水口与管道连接图、构件连接与止水

矩形渠取水口与管道连接图

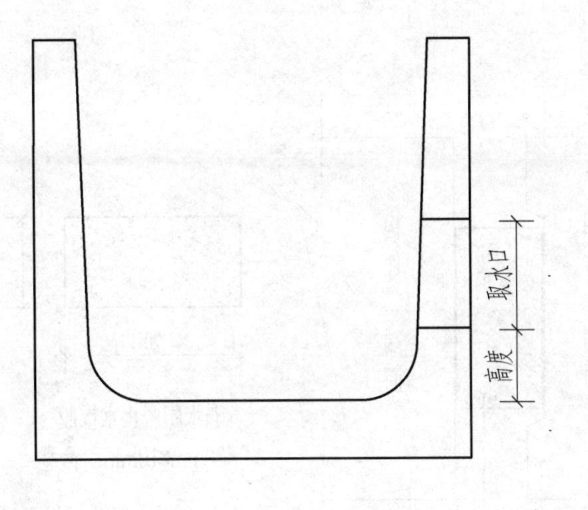

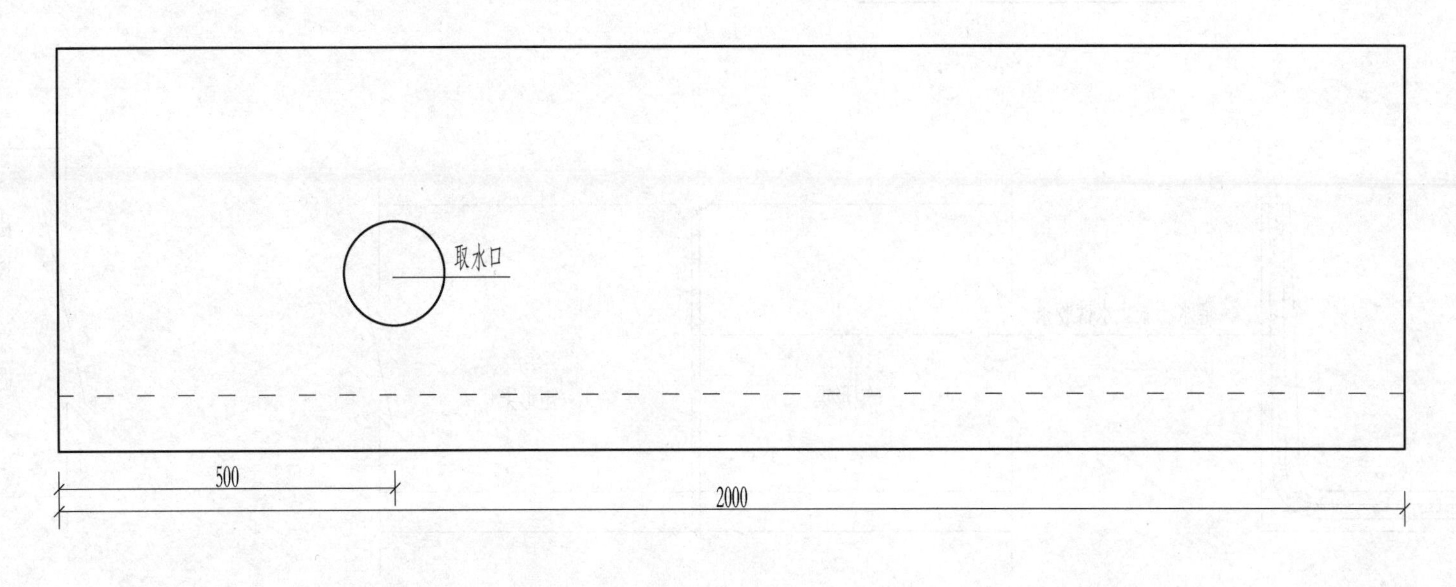

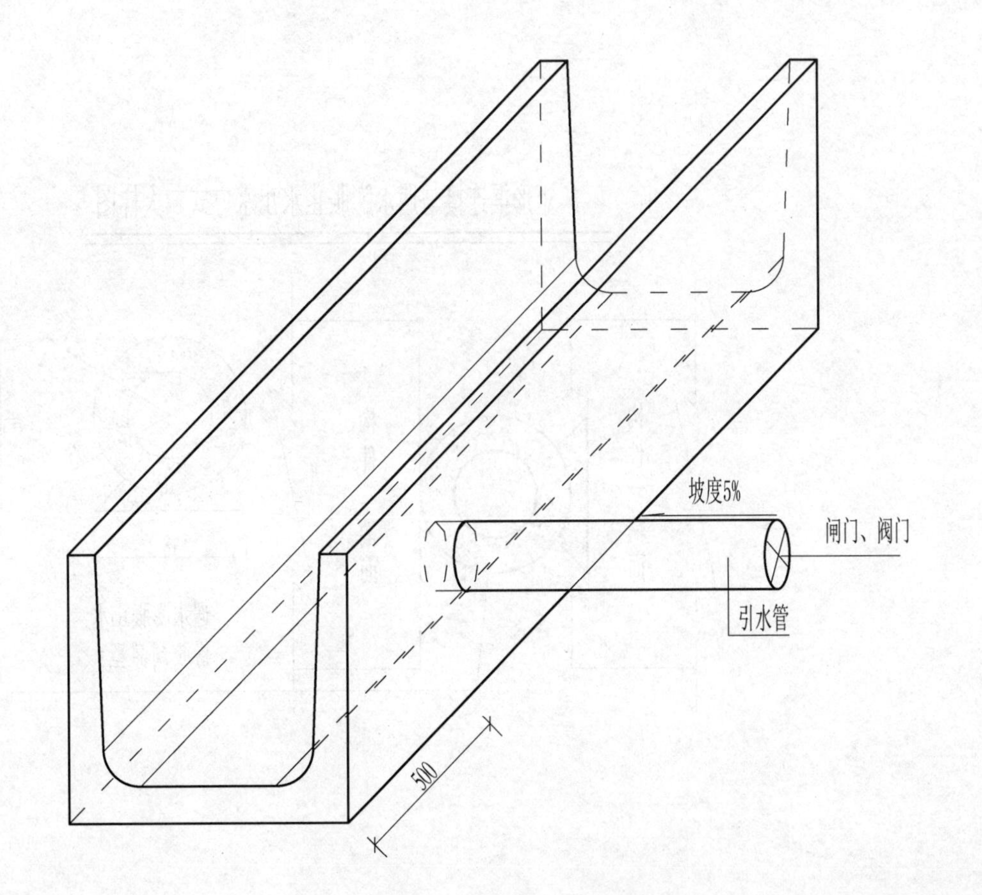

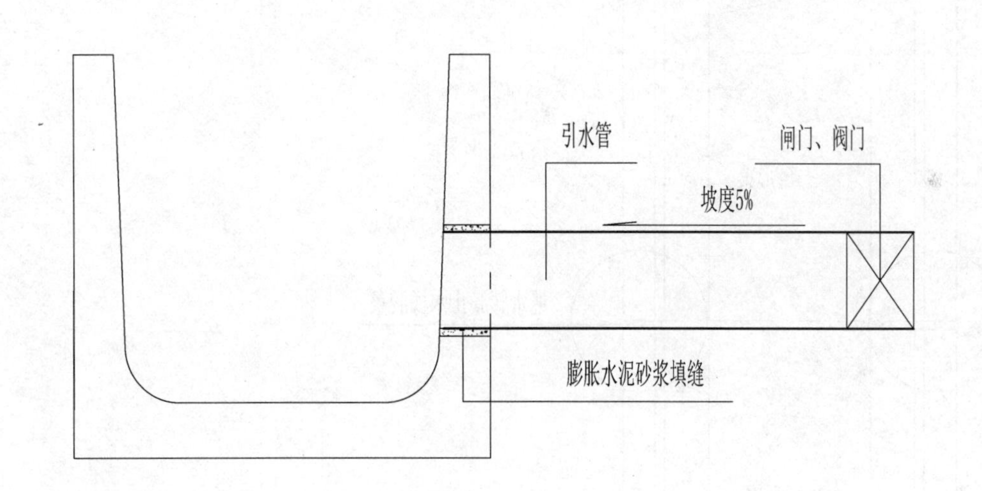

说明：

1. 取水口高度、直径根据工程需要确定；
2. 引水管按管道灌溉匹配要求选用；
3. 引水管长度根据工程需要确定；
4. 填缝水泥砂浆强度等级C30 F200。

图 号	11-1
图 名	矩形渠取水口与管道连接图

矩形渠连接与遇水膨胀胶条止水

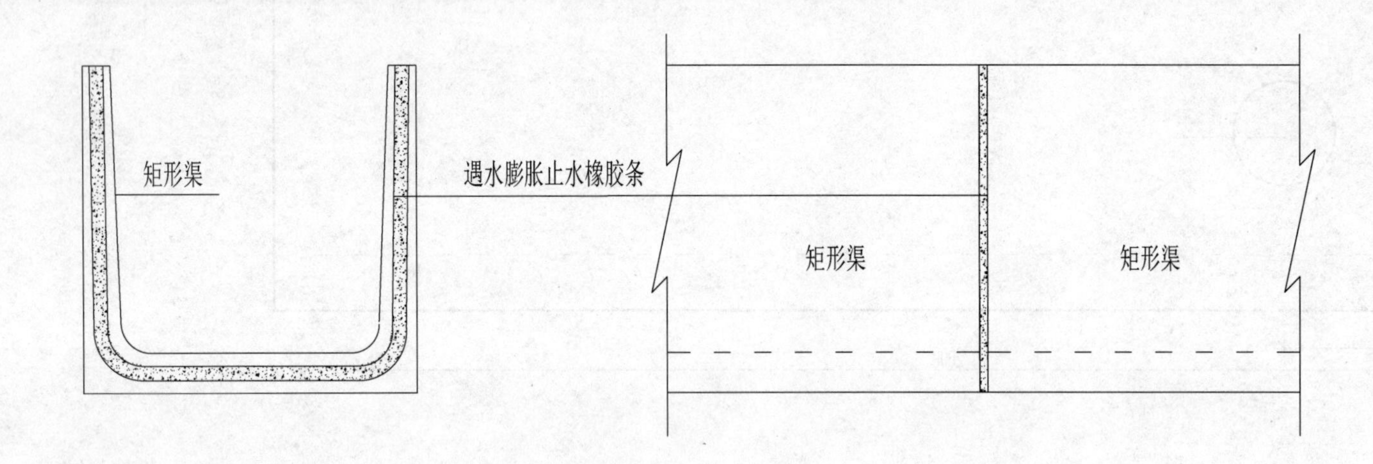

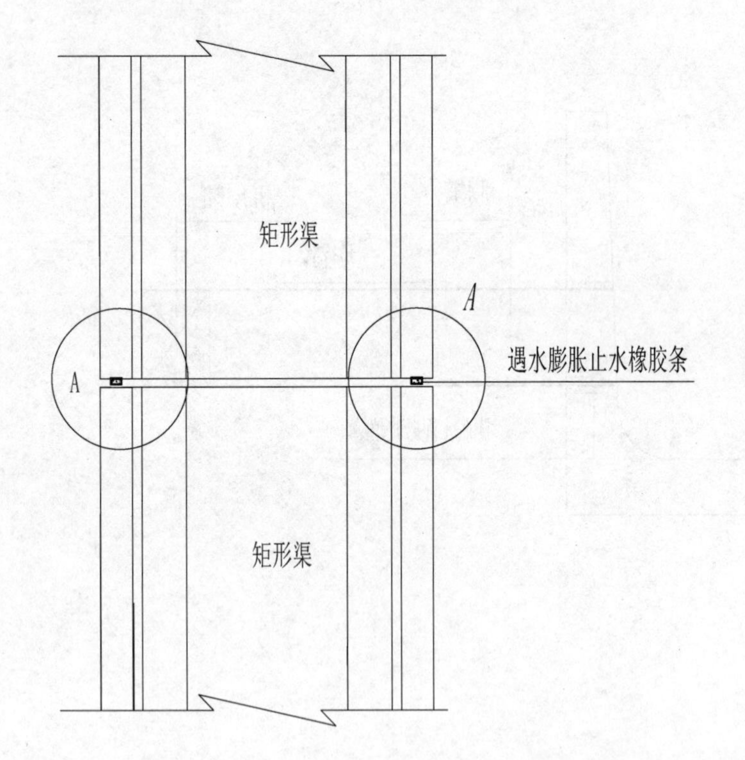

A 矩形渠连接与遇水膨胀止水止水方式一大样图

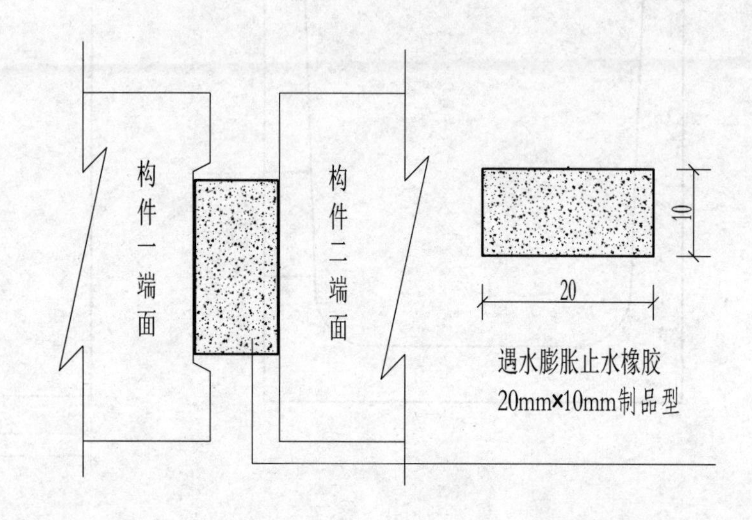

A 矩形渠连接与遇水膨胀止水止水方式二大样图

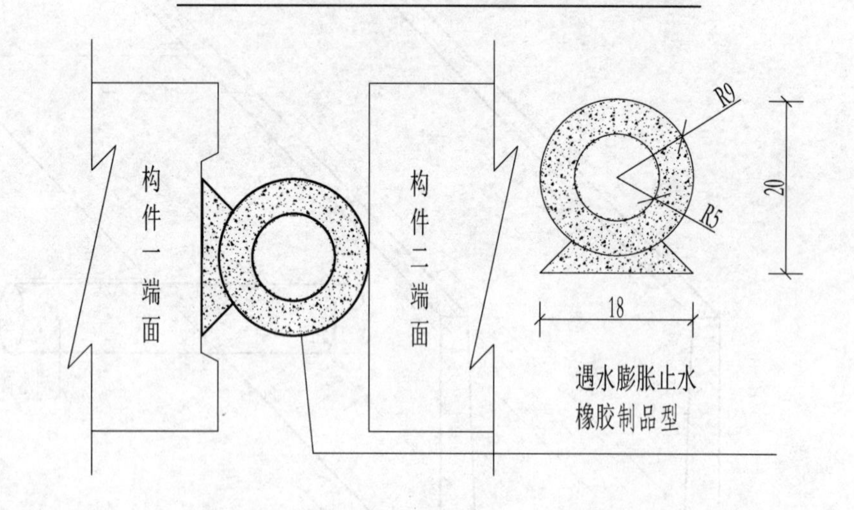

说明：

1. 图中尺寸均以mm计；
2. 遇水膨胀止水橡胶条为制品型，符合GB18173.3-2002标准要求。

图号	11-2
图名	矩形渠连接与遇水膨胀胶条止水

矩形渠连接与GCL防渗止水

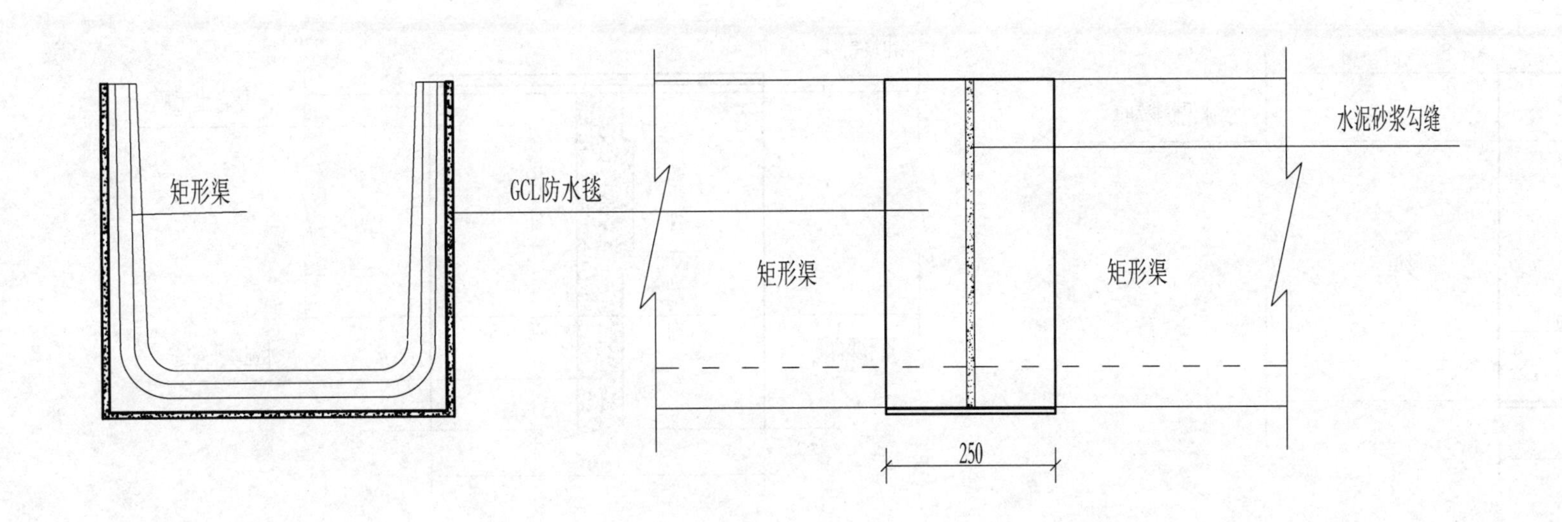

A 矩形渠连接与GCL防水毯包裹防渗止水大样图

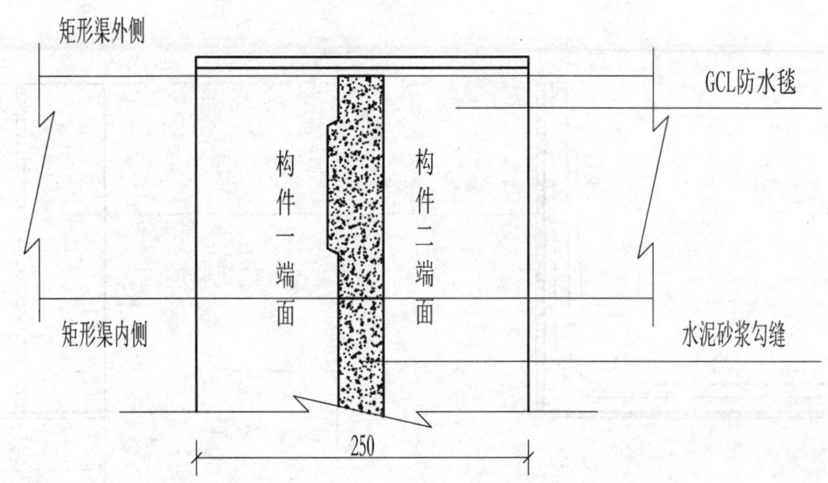

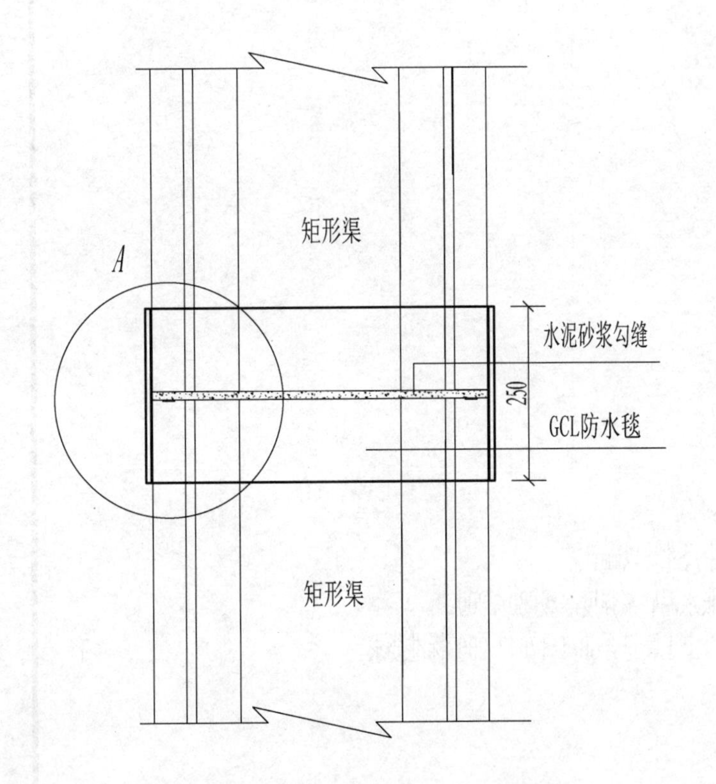

说明：

1.图中尺寸均以mm计；

2.膨胀水泥砂浆强度等级C30 F300；

3.GCL防水毯符合JG/T 193-2006标准要求。

图号	11-3
图名	矩形渠连接与GCL防渗止水

矩形渠连接与复合土工膜防渗止水

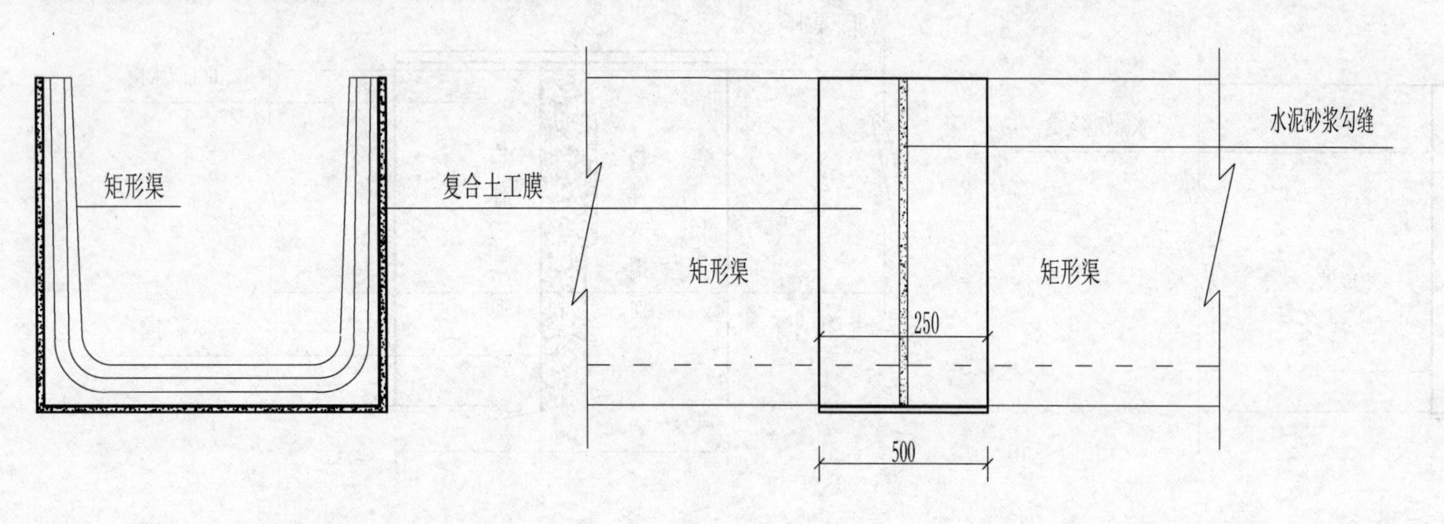

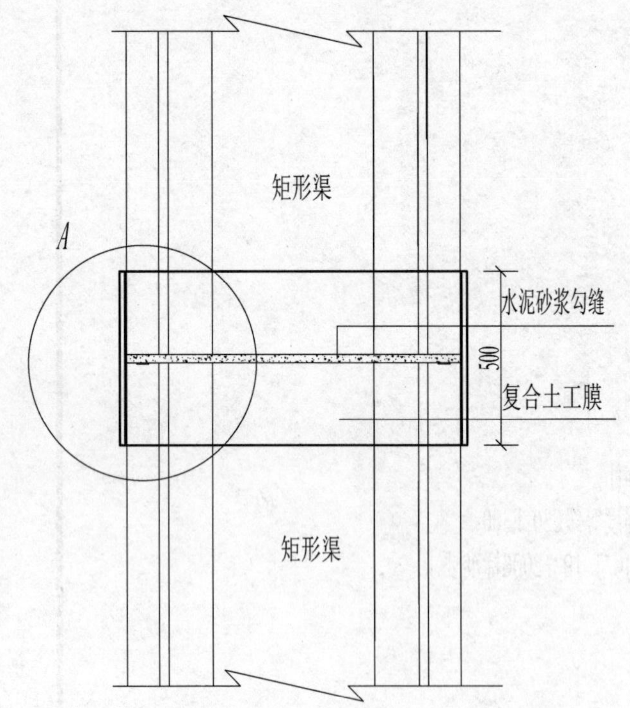

A 矩形渠连接与复合土工膜包裹防渗止水大样图

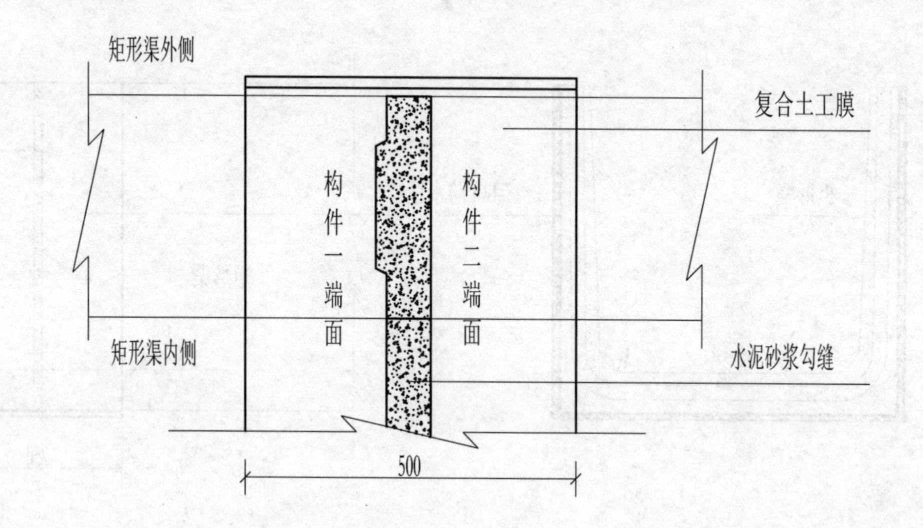

说明：

1. 图中尺寸均以mm计；
2. 膨胀水泥砂浆强度等级C30 F300；
3. 复合土工膜符合GB/T 17642-2008标准要求。

图 号	11-4
图 名	矩形渠连接与复合土工膜防渗止水

整体式节制闸、分水闸

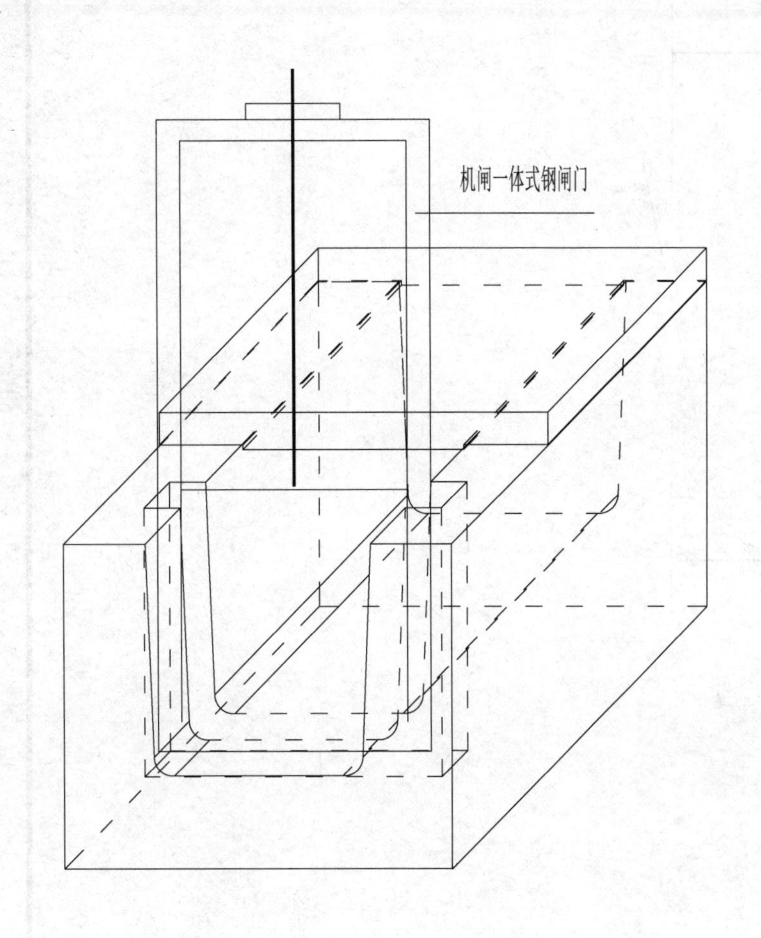

机闸一体式钢闸门

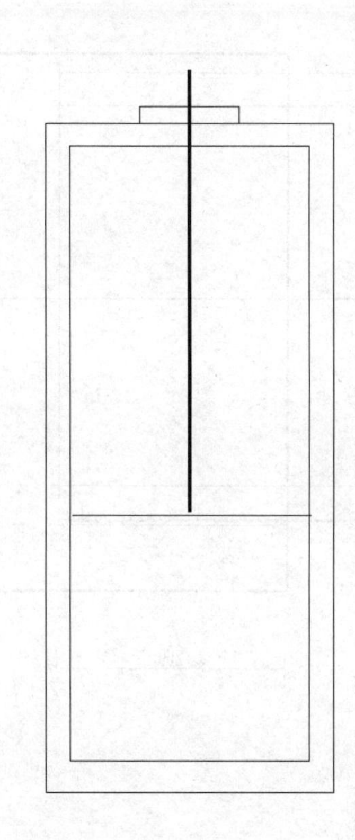

闸门槽剖面图

闸门槽俯视图

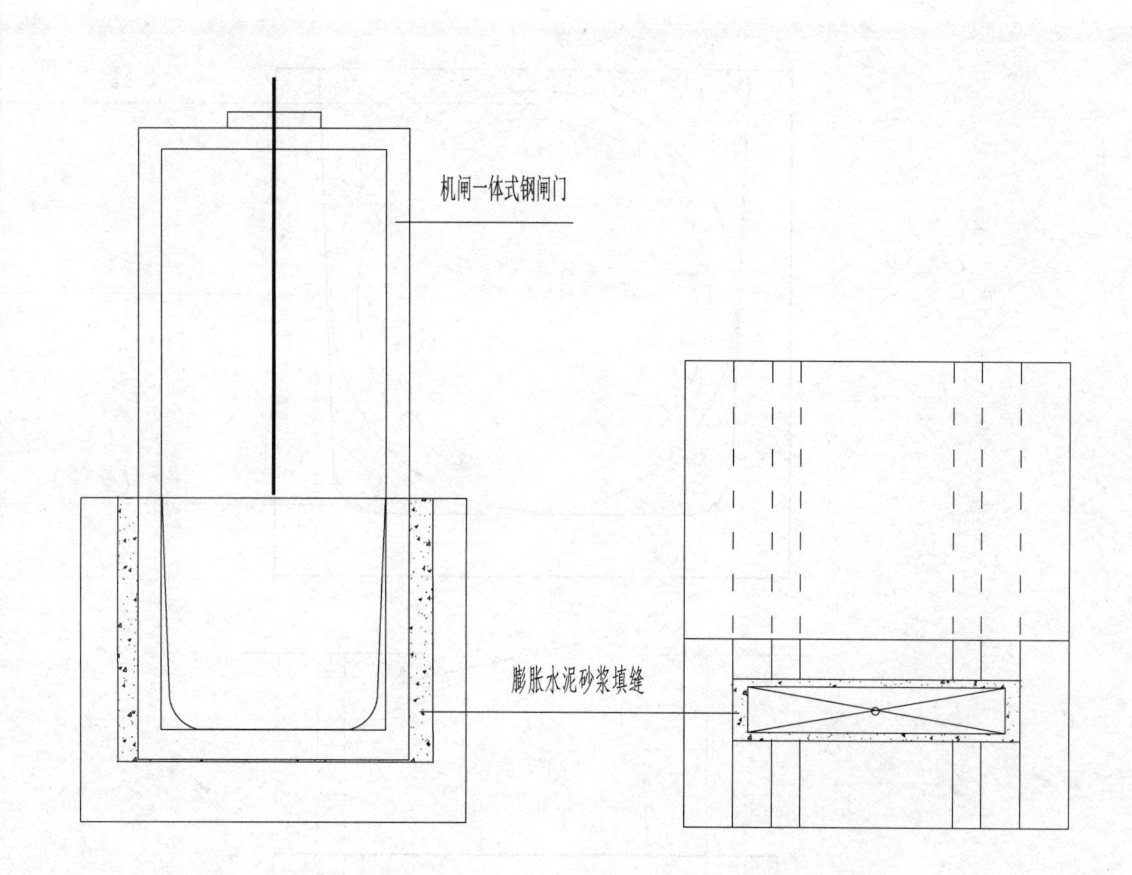

说明：
1.图中尺寸均以mm计；
2.膨胀水泥砂浆强度等级C30 F300。

图 号	11-5
图 名	机闸一体式闸门与闸门槽连接

矩形渠、管连接方式与止水

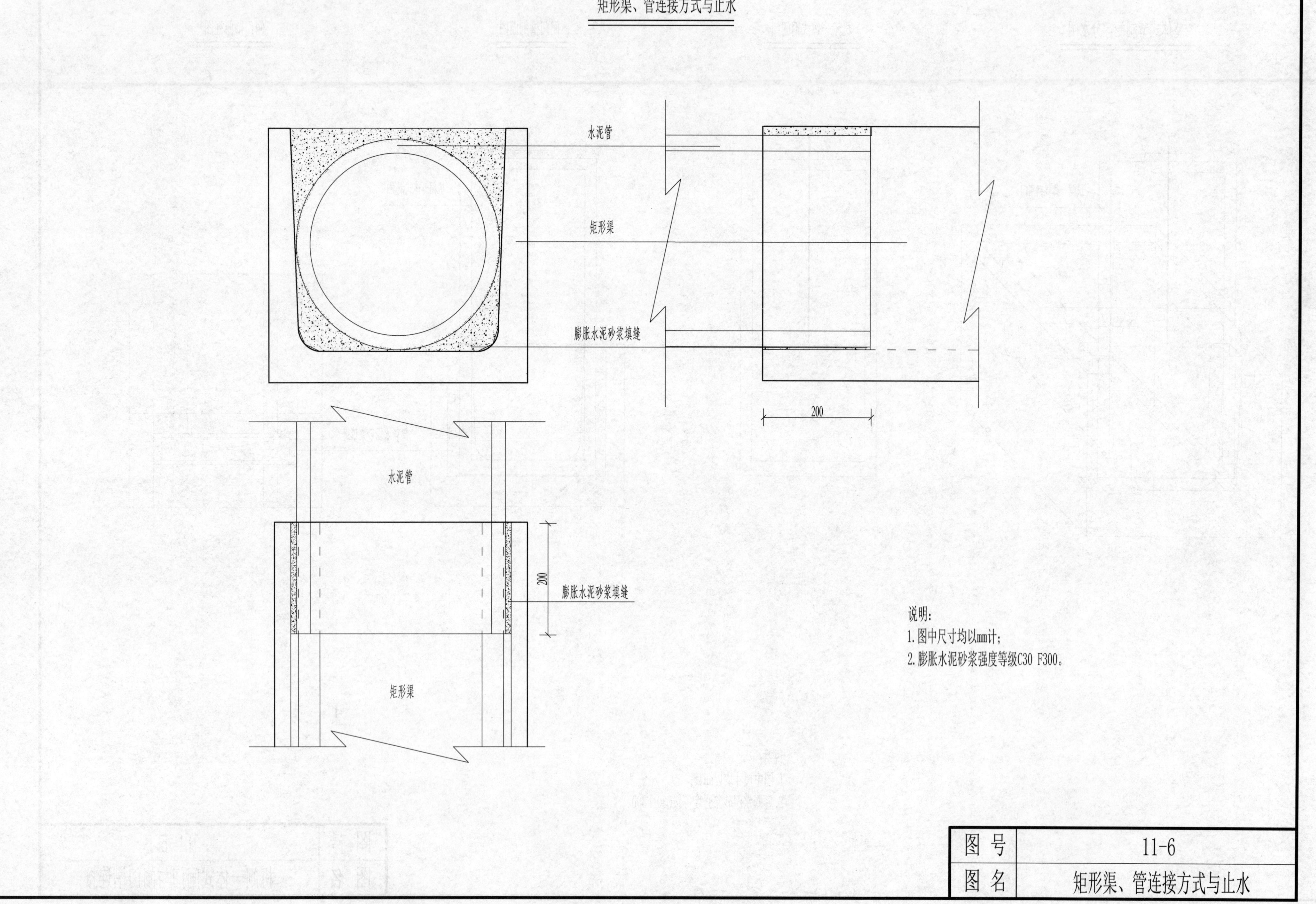

说明：

1. 图中尺寸均以mm计；
2. 膨胀水泥砂浆强度等级C30 F300。

图 号	11-6
图 名	矩形渠、管连接方式与止水

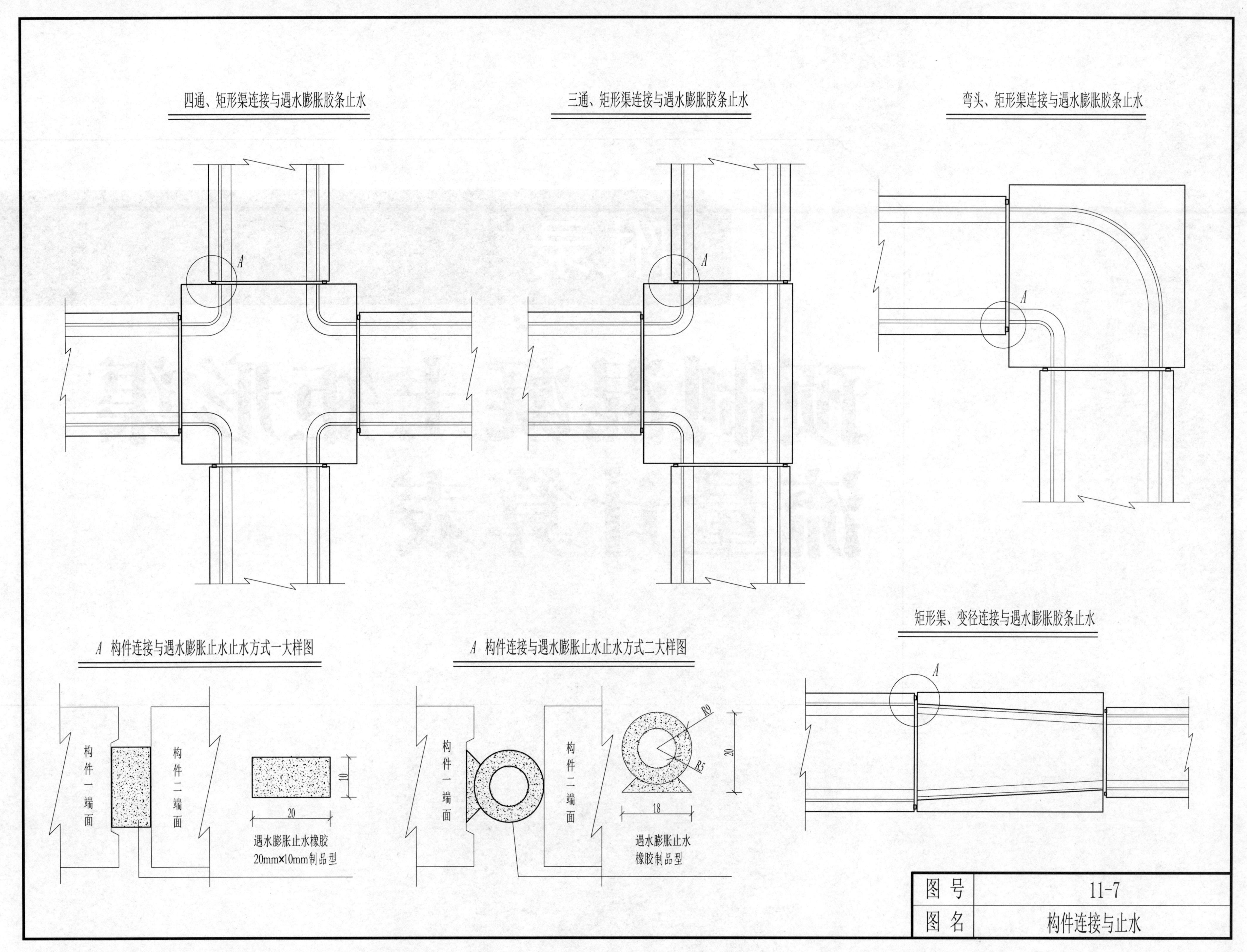

图 号	11-7
图 名	构件连接与止水

附录

预制混凝土矩形渠流量计算表

附表 1

整体式矩形渠流量计算表（1）

矩形渠规格/(mm×mm)		300×300		400×400		500×500		600×600		700×700		800×800		1000×1000	
过水断面图/mm		300 300 276		400 400 368		500 500 460		600 600 552		700 700 644		800 800 736		1000 1000 920	
全断面面积 A_0/m²		0.086		0.154		0.240		0.346		0.470		0.614		0.960	
过水断面面积 A/m²		0.086		0.154		0.240		0.346		0.470		0.614		0.960	
湿周 P/m		0.876		1.169		1.461		1.753		2.045		2.337		2.922	
水力半径 R/m		0.099		0.131		0.164		0.197		0.230		0.263		0.329	
$R^{2/3}$		0.213		0.259		0.300		0.339		0.375		0.410		0.476	
i	$i^{1/2}$	v/(m/s)	Q/(m³/s)	v/(m/s)	Q/(m³/s)	v/(m/s)	Q/(m³/s)	v/(m/s)	Q/(m³/s)	v/(m/s)	Q/(m³/s)	v/(m/s)	Q/(m³/s)	v/(m/s)	Q/(m³/s)
1/50	0.141	2.156	0.186	2.611	0.401	3.030	0.727	3.422	1.183	3.792	1.784	4.145	2.547	4.810	4.618
1/75	0.115	1.760	0.152	2.132	0.327	2.474	0.594	2.794	0.966	3.096	1.456	3.385	2.079	3.927	3.770
1/100	0.100	1.524	0.132	1.846	0.284	2.143	0.514	2.420	0.836	2.681	1.261	2.931	1.801	3.401	3.265
1/125	0.089	1.363	0.118	1.652	0.254	1.916	0.460	2.164	0.748	2.398	1.128	2.622	1.611	3.042	2.920
1/150	0.082	1.245	0.108	1.508	0.232	1.749	0.420	1.976	0.683	2.189	1.030	2.393	1.470	2.777	2.666
1/200	0.071	1.078	0.093	1.306	0.201	1.515	0.364	1.711	0.591	1.896	0.892	2.073	1.273	2.405	2.309
1/250	0.063	0.964	0.083	1.168	0.179	1.355	0.325	1.530	0.529	1.696	0.798	1.854	1.139	2.151	2.065
1/300	0.058	0.880	0.076	1.066	0.164	1.237	0.297	1.397	0.483	1.548	0.728	1.692	1.040	1.964	1.885
1/350	0.053	0.815	0.070	0.987	0.152	1.145	0.275	1.293	0.447	1.433	0.674	1.567	0.963	1.818	1.745
1/400	0.050	0.762	0.066	0.923	0.142	1.071	0.257	1.210	0.418	1.341	0.631	1.466	0.900	1.701	1.633
1/450	0.047	0.719	0.062	0.870	0.134	1.010	0.242	1.141	0.394	1.264	0.595	1.382	0.849	1.603	1.539
1/500	0.045	0.682	0.059	0.826	0.127	0.958	0.230	1.082	0.374	1.199	0.564	1.311	0.805	1.521	1.460
1/550	0.043	0.650	0.056	0.787	0.121	0.914	0.219	1.032	0.357	1.143	0.538	1.250	0.768	1.450	1.392
1/600	0.041	0.622	0.054	0.754	0.116	0.875	0.210	0.988	0.341	1.095	0.515	1.197	0.735	1.389	1.333
1/650	0.039	0.598	0.052	0.724	0.111	0.840	0.202	0.949	0.328	1.052	0.495	1.150	0.706	1.334	1.281
1/700	0.038	0.576	0.050	0.698	0.107	0.810	0.194	0.915	0.316	1.013	0.477	1.108	0.681	1.286	1.234
1/750	0.037	0.557	0.048	0.674	0.104	0.782	0.188	0.884	0.305	0.979	0.461	1.070	0.658	1.242	1.192
1/800	0.035	0.539	0.047	0.653	0.100	0.758	0.182	0.855	0.296	0.948	0.446	1.036	0.637	1.203	1.154
1/850	0.034	0.523	0.045	0.633	0.097	0.735	0.176	0.830	0.287	0.920	0.433	1.005	0.618	1.167	1.120
1/900	0.033	0.508	0.044	0.615	0.095	0.714	0.171	0.807	0.279	0.894	0.420	0.977	0.600	1.134	1.088
1/950	0.032	0.495	0.043	0.599	0.092	0.695	0.167	0.785	0.271	0.870	0.409	0.951	0.584	1.104	1.059
1/1000	0.032	0.482	0.042	0.584	0.090	0.678	0.163	0.765	0.264	0.848	0.399	0.927	0.569	1.076	1.033
1/1100	0.030	0.460	0.040	0.557	0.086	0.646	0.155	0.730	0.252	0.808	0.380	0.884	0.543	1.026	0.984
1/1200	0.029	0.440	0.038	0.533	0.082	0.619	0.148	0.698	0.241	0.774	0.364	0.846	0.520	0.982	0.943
1/1250	0.028	0.431	0.037	0.522	0.080	0.606	0.145	0.684	0.237	0.758	0.357	0.829	0.509	0.962	0.924
1/1300	0.028	0.423	0.037	0.512	0.079	0.594	0.143	0.671	0.232	0.744	0.350	0.813	0.499	0.943	0.906
1/1400	0.027	0.407	0.035	0.493	0.076	0.573	0.137	0.647	0.223	0.717	0.337	0.783	0.481	0.909	0.873
1/1500	0.026	0.394	0.034	0.477	0.073	0.553	0.133	0.625	0.216	0.692	0.326	0.757	0.465	0.878	0.843
1/1600	0.025	0.381	0.033	0.462	0.071	0.536	0.129	0.605	0.209	0.670	0.315	0.733	0.450	0.850	0.816
1/1700	0.024	0.370	0.032	0.448	0.069	0.520	0.125	0.587	0.203	0.650	0.306	0.711	0.437	0.825	0.792
1/1750	0.024	0.364	0.031	0.441	0.068	0.512	0.123	0.578	0.200	0.641	0.302	0.701	0.430	0.813	0.781
1/1800	0.024	0.359	0.031	0.435	0.067	0.505	0.121	0.570	0.197	0.632	0.297	0.691	0.424	0.802	0.770
1/1900	0.023	0.350	0.030	0.424	0.065	0.492	0.118	0.555	0.192	0.615	0.289	0.672	0.413	0.780	0.749
1/2000	0.022	0.341	0.029	0.413	0.063	0.479	0.115	0.541	0.187	0.600	0.282	0.655	0.403	0.761	0.730
1/2500	0.020	0.305	0.026	0.369	0.057	0.429	0.103	0.484	0.167	0.536	0.252	0.586	0.360	0.680	0.653
1/3000	0.018	0.278	0.024	0.337	0.052	0.391	0.094	0.442	0.153	0.490	0.230	0.535	0.329	0.621	0.596

注　本表 Q 为流量，v 为流速，i 为渠道比降；n 为糙率系数，取 $n=0.014$，超高 $h=0$mm。

附表 2

整体式矩形渠流量计算表（2）

矩形渠规格/(mm×mm)		300×300		400×400		500×500		600×600		700×700		800×800		1000×1000	
过水断面图/mm															
全断面面积 A_0/m²		0.086		0.154		0.240		0.346		0.470		0.614		0.960	
过水断面面积 A/m²		0.072		0.134		0.215		0.316		0.436		0.575		0.910	
湿周 P/m		0.776		1.069		1.361		1.653		1.945		2.237		2.822	
水力半径 R/m		0.092		0.125		0.158		0.191		0.224		0.257		0.323	
$R^{2/3}$		0.204		0.250		0.292		0.332		0.369		0.404		0.470	
i	$i^{1/2}$	v/(m/s)	Q/(m³/s)	v/(m/s)	Q/(m³/s)	v/(m/s)	Q/(m³/s)	v/(m/s)	Q/(m³/s)	v/(m/s)	Q/(m³/s)	v/(m/s)	Q/(m³/s)	v/(m/s)	Q/(m³/s)
1/50	0.141	2.060	0.148	2.527	0.338	2.953	0.635	3.350	1.058	3.724	1.622	4.081	2.345	4.751	4.324
1/75	0.115	1.682	0.121	2.063	0.276	2.411	0.519	2.736	0.864	3.041	1.324	3.333	1.915	3.880	3.530
1/100	0.100	1.457	0.104	1.787	0.239	2.088	0.449	2.369	0.747	2.633	1.147	2.886	1.657	3.360	3.058
1/125	0.089	1.303	0.093	1.598	0.214	1.867	0.402	2.119	0.669	2.356	1.026	2.581	1.483	3.005	2.735
1/150	0.082	1.189	0.085	1.459	0.195	1.705	0.367	1.934	0.611	2.151	0.937	2.356	1.354	2.743	2.496
1/200	0.071	1.030	0.073	1.264	0.169	1.476	0.318	1.675	0.529	1.863	0.811	2.041	1.172	2.375	2.162
1/250	0.063	0.921	0.066	1.130	0.151	1.320	0.284	1.499	0.473	1.666	0.725	1.826	1.048	2.125	1.933
1/300	0.058	0.841	0.060	1.032	0.138	1.205	0.259	1.368	0.432	1.521	0.662	1.666	0.957	1.940	1.765
1/350	0.053	0.778	0.056	0.955	0.128	1.116	0.240	1.267	0.400	1.408	0.613	1.542	0.886	1.796	1.634
1/400	0.050	0.728	0.052	0.893	0.120	1.044	0.225	1.185	0.374	1.317	0.574	1.443	0.829	1.680	1.528
1/450	0.047	0.686	0.049	0.842	0.112	0.984	0.212	1.117	0.353	1.241	0.540	1.360	0.782	1.584	1.441
1/500	0.045	0.652	0.046	0.799	0.107	0.934	0.201	1.059	0.334	1.177	0.513	1.291	0.741	1.502	1.368
1/550	0.043	0.621	0.045	0.762	0.102	0.890	0.191	1.010	0.318	1.123	0.489	1.230	0.707	1.433	1.304
1/600	0.041	0.594	0.043	0.730	0.097	0.852	0.183	0.968	0.305	1.075	0.468	1.178	0.677	1.371	1.248
1/650	0.039	0.571	0.041	0.701	0.094	0.819	0.176	0.929	0.293	1.033	0.450	1.132	0.650	1.318	1.199
1/700	0.038	0.551	0.039	0.675	0.090	0.789	0.170	0.895	0.282	0.995	0.434	1.091	0.627	1.269	1.156
1/750	0.037	0.532	0.038	0.653	0.087	0.762	0.164	0.865	0.273	0.962	0.419	1.054	0.605	1.227	1.116
1/800	0.035	0.515	0.037	0.631	0.084	0.738	0.159	0.838	0.265	0.931	0.406	1.020	0.586	1.188	1.081
1/850	0.034	0.500	0.035	0.613	0.082	0.716	0.154	0.812	0.256	0.903	0.394	0.990	0.568	1.152	1.048
1/900	0.033	0.486	0.034	0.595	0.080	0.696	0.149	0.789	0.249	0.877	0.383	0.962	0.552	1.120	1.020
1/950	0.032	0.473	0.033	0.579	0.077	0.678	0.146	0.769	0.242	0.854	0.372	0.936	0.538	1.090	0.992
1/1000	0.032	0.461	0.032	0.565	0.075	0.660	0.142	0.749	0.237	0.833	0.363	0.913	0.525	1.062	0.967
1/1100	0.030	0.439	0.032	0.539	0.072	0.630	0.136	0.714	0.226	0.794	0.345	0.870	0.500	1.013	0.922
1/1200	0.029	0.421	0.030	0.516	0.069	0.603	0.130	0.683	0.216	0.760	0.331	0.833	0.478	0.969	0.883
1/1250	0.028	0.412	0.030	0.505	0.068	0.591	0.127	0.670	0.212	0.745	0.324	0.816	0.469	0.950	0.864
1/1300	0.028	0.404	0.029	0.496	0.066	0.579	0.124	0.657	0.207	0.731	0.318	0.800	0.460	0.931	0.848
1/1400	0.027	0.389	0.028	0.477	0.064	0.558	0.120	0.633	0.200	0.704	0.306	0.772	0.443	0.898	0.817
1/1500	0.026	0.376	0.027	0.461	0.061	0.539	0.116	0.612	0.193	0.680	0.296	0.745	0.428	0.867	0.789
1/1600	0.025	0.364	0.026	0.447	0.059	0.522	0.112	0.592	0.187	0.658	0.287	0.721	0.414	0.839	0.764
1/1700	0.024	0.353	0.025	0.434	0.058	0.506	0.109	0.575	0.181	0.639	0.279	0.700	0.402	0.814	0.742
1/1750	0.024	0.348	0.025	0.427	0.058	0.500	0.108	0.566	0.179	0.630	0.274	0.690	0.396	0.803	0.731
1/1800	0.024	0.344	0.024	0.422	0.057	0.492	0.106	0.558	0.176	0.621	0.270	0.681	0.391	0.792	0.721
1/1900	0.023	0.334	0.024	0.409	0.055	0.479	0.103	0.543	0.172	0.604	0.263	0.662	0.381	0.771	0.701
1/2000	0.022	0.326	0.023	0.399	0.054	0.467	0.100	0.529	0.167	0.589	0.256	0.645	0.370	0.751	0.683
1/2500	0.020	0.292	0.020	0.357	0.047	0.418	0.090	0.474	0.149	0.526	0.229	0.578	0.331	0.672	0.612
1/3000	0.018	0.266	0.019	0.326	0.044	0.382	0.082	0.433	0.136	0.481	0.210	0.526	0.303	0.614	0.558

注　本表 Q 为流量，v 为流速，i 为渠道比降；n 为糙率系数，取 n=0.014，超高 h=50mm。

整体式矩形渠流量计算表（3）

矩形渠规格/(mm×mm)		300×300		400×400		500×500		600×600		700×700		800×800		1000×1000	
过水断面图/mm		300; 100; 200; 300; 276		400; 100; 300; 400; 368		500; 100; 400; 500; 460		600; 100; 500; 600; 552		700; 600; 700; 644		800; 100; 700; 800; 736		1000; 100; 900; 1000; 920	
全断面面积 A_0/m^2		0.086		0.154		0.240		0.346		0.470		0.614		0.960	
过水断面面积 A/m^2		0.057		0.114		0.190		0.286		0.401		0.535		0.860	
湿周 P/m		0.676		0.968		1.261		1.553		1.845		2.137		2.721	
水力半径 R/m		0.084		0.118		0.151		0.184		0.217		0.250		0.316	
$R^{2/3}$		0.192		0.240		0.284		0.324		0.361		0.397		0.464	
i	$i^{1/2}$	v/(m/s)	$Q/(m^3/s)$	v/(m/s)	$Q/(m^3/s)$	v/(m/s)	$Q/(m^3/s)$	v/(m/s)	$Q/(m^3/s)$	v/(m/s)	$Q/(m^3/s)$	v/(m/s)	$Q/(m^3/s)$	v/(m/s)	$Q/(m^3/s)$
1/50	0.141	1.937	0.110	2.426	0.277	2.865	0.545	3.270	0.935	3.650	1.463	4.011	2.145	4.688	4.034
1/75	0.115	1.581	0.090	1.981	0.226	2.339	0.446	2.670	0.763	2.981	1.195	3.275	1.751	3.828	3.294
1/100	0.100	1.370	0.078	1.716	0.196	2.026	0.385	2.312	0.661	2.581	1.034	2.837	1.517	3.315	2.853
1/125	0.089	1.225	0.070	1.535	0.175	1.812	0.345	2.068	0.591	2.308	0.926	2.537	1.357	2.965	2.551
1/150	0.082	1.119	0.063	1.401	0.160	1.654	0.315	1.888	0.539	2.108	0.845	2.316	1.239	2.707	2.329
1/200	0.071	0.968	0.055	1.213	0.138	1.433	0.273	1.635	0.468	1.826	0.732	2.006	1.072	2.344	2.017
1/250	0.063	0.866	0.049	1.085	0.123	1.281	0.244	1.462	0.418	1.632	0.655	1.794	0.959	2.097	1.804
1/300	0.058	0.791	0.045	0.991	0.113	1.170	0.223	1.335	0.382	1.490	0.597	1.638	0.876	1.914	1.646
1/350	0.053	0.733	0.042	0.917	0.105	1.083	0.206	1.236	0.354	1.380	0.553	1.516	0.811	1.772	1.525
1/400	0.050	0.685	0.039	0.858	0.097	1.013	0.193	1.156	0.331	1.291	0.517	1.418	0.759	1.657	1.426
1/450	0.047	0.645	0.036	0.809	0.092	0.955	0.182	1.090	0.312	1.216	0.487	1.337	0.715	1.563	1.345
1/500	0.045	0.613	0.034	0.767	0.087	0.906	0.173	1.034	0.295	1.154	0.462	1.268	0.679	1.483	1.276
1/550	0.043	0.584	0.033	0.732	0.084	0.864	0.164	0.986	0.282	1.100	0.441	1.210	0.647	1.413	1.216
1/600	0.041	0.559	0.032	0.700	0.080	0.827	0.158	0.944	0.270	1.054	0.422	1.158	0.619	1.353	1.164
1/650	0.039	0.538	0.031	0.673	0.077	0.795	0.151	0.907	0.259	1.012	0.406	1.112	0.595	1.300	1.119
1/700	0.038	0.518	0.030	0.648	0.074	0.766	0.146	0.874	0.250	0.976	0.391	1.072	0.573	1.253	1.078
1/750	0.037	0.500	0.029	0.627	0.071	0.740	0.141	0.844	0.241	0.942	0.378	1.035	0.554	1.211	1.042
1/800	0.035	0.485	0.028	0.606	0.069	0.716	0.136	0.817	0.234	0.913	0.366	1.003	0.537	1.172	1.008
1/850	0.034	0.470	0.027	0.589	0.067	0.695	0.132	0.793	0.227	0.885	0.355	0.973	0.520	1.137	0.979
1/900	0.033	0.457	0.026	0.572	0.065	0.675	0.128	0.771	0.220	0.861	0.344	0.945	0.506	1.105	0.951
1/950	0.032	0.445	0.025	0.556	0.063	0.657	0.125	0.750	0.214	0.838	0.335	0.920	0.492	1.075	0.926
1/1000	0.032	0.434	0.024	0.542	0.062	0.641	0.122	0.731	0.209	0.816	0.327	0.897	0.480	1.048	0.902
1/1100	0.030	0.413	0.023	0.517	0.059	0.611	0.116	0.697	0.200	0.778	0.312	0.855	0.458	0.999	0.860
1/1200	0.029	0.396	0.022	0.495	0.057	0.585	0.111	0.668	0.191	0.745	0.299	0.819	0.438	0.957	0.824
1/1250	0.028	0.387	0.022	0.486	0.056	0.573	0.109	0.654	0.187	0.730	0.292	0.802	0.429	0.938	0.807
1/1300	0.028	0.380	0.021	0.475	0.054	0.562	0.107	0.642	0.184	0.716	0.287	0.786	0.421	0.919	0.791
1/1400	0.027	0.366	0.020	0.459	0.052	0.541	0.103	0.618	0.176	0.690	0.277	0.758	0.406	0.886	0.762
1/1500	0.026	0.354	0.020	0.443	0.050	0.523	0.099	0.597	0.171	0.667	0.267	0.733	0.392	0.856	0.736
1/1600	0.025	0.343	0.019	0.429	0.049	0.506	0.097	0.578	0.165	0.645	0.259	0.709	0.379	0.828	0.713
1/1700	0.024	0.332	0.019	0.416	0.047	0.491	0.094	0.561	0.161	0.626	0.251	0.688	0.368	0.804	0.692
1/1750	0.024	0.328	0.019	0.410	0.046	0.485	0.092	0.552	0.158	0.617	0.247	0.678	0.363	0.792	0.682
1/1800	0.024	0.323	0.019	0.404	0.046	0.477	0.091	0.545	0.156	0.608	0.244	0.669	0.357	0.781	0.672
1/1900	0.023	0.314	0.018	0.394	0.045	0.464	0.088	0.530	0.151	0.592	0.238	0.651	0.348	0.760	0.655
1/2000	0.022	0.306	0.018	0.383	0.044	0.453	0.086	0.517	0.148	0.578	0.231	0.634	0.339	0.741	0.638
1/2500	0.020	0.274	0.016	0.344	0.039	0.405	0.077	0.462	0.132	0.516	0.207	0.567	0.304	0.663	0.570
1/3000	0.018	0.250	0.014	0.313	0.035	0.370	0.071	0.422	0.121	0.472	0.188	0.518	0.277	0.605	0.521

注 本表 Q 为流量，v 为流速，i 为渠道比降；n 为糙率系数，取 $n=0.014$，超高 $h=100$mm。

附表 4

拼接式预制混凝土矩形渠流量计算表（1）

渠高/mm		1000					
		最小渠宽		标准渠宽		最大渠宽	
过水断面图/mm		1300；780，220		1700；780，220		2600；780，220	
全断面面积 A_0/m^2		1.2973		1.6973		2.5973	
过水断面面积 A/m^2		1.0113		1.3233		2.0253	
湿周 P/m		2.7913		3.1913		4.0913	
水利半径 R/m		0.3623		0.4147		0.4950	
$R^{2/3}$		0.5082		0.5561		0.6258	
i	$i^{1/2}$	v /(m/s)	Q /(m³/s)	v /(m/s)	Q /(m³/s)	v /(m/s)	Q /(m³/s)
1/200	0.071	2.3957	2.4227	2.6215	3.4690	2.9500	5.9747
1/300	0.058	1.9562	1.9783	2.1406	2.8327	2.4089	4.8788
1/400	0.050	1.6940	1.7131	1.8537	2.4530	2.0860	4.2248
1/500	0.045	1.5151	1.5322	1.6579	2.1939	1.8657	3.7786
1/600	0.041	1.3830	1.3986	1.5133	2.0026	1.7030	3.4643
1/700	0.038	1.2807	1.2951	1.4014	1.8544	1.5770	3.1939
1/800	0.035	1.1980	1.2115	1.3109	1.7347	1.4752	2.9878
1/900	0.033	1.1292	1.1420	1.2357	1.6351	1.3905	2.8162
1/1000	0.032	1.0713	1.0834	1.1723	1.5513	1.3192	2.6717
1/1200	0.029	0.9781	0.9892	1.0703	1.4163	1.2045	2.4394
1/1400	0.027	0.9056	0.9158	0.9910	1.3114	1.1152	2.2586
1/1600	0.025	0.8470	0.8566	0.9268	1.2265	1.0430	2.1124
1/1800	0.024	0.7986	0.8076	0.8738	1.1563	0.9833	1.9916
1/2000	0.022	0.7576	0.7661	0.8290	1.0970	0.9329	1.8893
1/2500	0.020	0.6776	0.6853	0.7415	0.9812	0.8344	1.6899
1/3000	0.018	0.6186	0.6256	0.6770	0.8958	0.7618	1.5429
1/3500	0.017	0.5726	0.5790	0.6265	0.8291	0.7051	1.4280
1/4000	0.016	0.5356	0.5417	0.5861	0.7756	0.6596	1.3359
1/4500	0.015	0.5052	0.5109	0.5528	0.7315	0.6220	1.2598
1/5000	0.014	0.4791	0.4845	0.5242	0.6937	0.5899	1.1948

渠高/mm		1200					
		最小渠宽		标准渠宽		最大渠宽	
过水断面图/mm		1300；930，270		2100；930，270		3200；930，270	
全断面面积 A_0/m^2		1.5573		2..0973		3.8373	
过水断面面积 A/m^2		1.2063		1.5303		2.9733	
湿周 P/m		3.1913		3.5913		5.0913	
水利半径 R/m		0.3780		0.4261		0.5840	
$R^{2/3}$		0.5228		0.5663		0.6987	
i	$i^{1/2}$	v /(m/s)	Q /(m³/s)	v /(m/s)	Q /(m³/s)	v /(m/s)	Q /(m³/s)
1/200	0.071	2.4945	2.9729	2.6695	4.0852	3.928	9.7931
1/300	0.058	2.0124	2.4276	2.1799	3.3359	2.6895	7.9968
1/400	0.050	1.7427	2.1022	1.8877	2.8887	2.3290	6.9248
1/500	0.045	1.5586	1.8802	1.6883	2.5836	2.0831	6.1936
1/600	0.041	1.4227	1.7162	1.5411	2.3583	1.9014	5.6534
1/700	0.038	1.3175	1.5892	1.4271	2.1839	1.7607	5.2352
1/800	0.035	1.2324	1.4867	1.3350	2.0429	1.6471	4.8972
1/900	0.033	1.1617	1.4013	1.2583	1.9256	1.5525	4.6161
1/1000	0.032	1.1021	1.3294	1.1938	1.8268	1.4729	4.3793
1/1200	0.029	1.0062	1.2138	1.0899	1.6679	1.3448	3.9984
1/1400	0.027	0.9316	1.1238	1.0091	1.5443	1.2451	3.7020
1/1600	0.025	0.8713	1.0511	0.9438	1.4443	1.1645	3.4624
1/1800	0.024	0.8215	0.9910	0.8898	1.3617	1.0979	3.2644
1/2000	0.022	0.7793	0.9401	0.8442	1.2918	1.0415	3.0968
1/2500	0.020	0.6971	0.8409	0.7551	1.1555	0.9316	2.7699
1/3000	0.018	0.6364	0.7677	0.6894	1.0550	0.8506	2.5289
1/3500	0.017	0.5890	0.7105	0.6380	0.9764	0.7872	2.3406
1/4000	0.016	0.5510	0.6647	0.5969	0.9134	0.7364	2.1896
1/4500	0.015	0.5197	0.6269	0.5629	0.8614	0.6945	2.0650
1/5000	0.014	0.4928	0.5945	0.5338	0.8169	0.6586	1.9583

渠高/mm		1400					
		最小渠宽		标准渠宽		最大渠宽	
过水断面图/mm		1500；1090，310		2400；1090，310		3600；1090，310	
全断面面积 A_0/m^2		2.1		3.36		5.04	
过水断面面积 A/m^2		2.1		3.36		5.04	
湿周 P/m		4.3		5.2		6.4	
水利半径 R/m		0.4884		0.6462		0.7875	
$R^{2/3}$		0.6274		0.7481		0.8493	
i	$i^{1/2}$	v /(m/s)	Q /(m³/s)	v /(m/s)	Q /(m³/s)	v /(m/s)	Q /(m³/s)
1/200	0.071	2.7831	4.5385	3.2828	8.5738	3.6750	14.4050
1/300	0.058	2.2726	3.7060	2.6807	7.0011	3.0009	11.7628
1/400	0.050	1.9680	3.2092	2.3213	6.0626	2.5987	10.1860
1/500	0.045	1.7602	2.8703	2.0762	5.4224	2.3242	9.1104
1/600	0.041	1.6076	2.6200	1.8951	4.9495	2.1216	8.3158
1/700	0.038	1.4878	2.4262	1.7549	4.5833	1.9646	7.7006
1/800	0.035	1.3918	2.2696	1.6416	4.2875	1.8378	7.2035
1/900	0.033	1.3119	2.1393	1.5474	4.0413	1.7323	6.7900
1/1000	0.032	1.2446	2.0295	1.4680	3.8340	1.6434	6.4416
1/1200	0.029	1.1363	1.8530	1.3403	3.5006	1.5005	5.8814
1/1400	0.027	1.0521	1.7156	1.2410	3.2411	1.3892	5.4454
1/1600	0.025	0.9840	1.6046	1.1607	3.0313	1.2993	5.0930
1/1800	0.024	0.9277	1.5128	1.0943	2.8579	1.2250	4.8017
1/2000	0.022	0.8801	1.4352	1.0381	2.7112	1.1621	4.5552
1/2500	0.020	0.7872	1.2837	0.9285	2.4251	1.0395	4.0744
1/3000	0.018	0.7187	1.1720	0.8478	2.2141	0.9490	3.7199
1/3500	0.017	0.6652	1.0847	0.7846	2.0492	0.8783	3.4429
1/4000	0.016	0.6223	1.0148	0.7340	1.9170	0.8217	3.2208
1/4500	0.015	0.5869	0.9570	0.6922	1.8079	0.7749	3.0375
1/5000	0.014	0.5566	0.9076	0.6565	1.7145	0.7349	2.8806

渠高/mm		1600					
		最小渠宽		标准渠宽		最大渠宽	
过水断面图/mm		1900；1240，360		2700；1240，360		4100；1240，360	
全断面面积 A_0/m^2		3.03		4.31		6.55	
过水断面面积 A/m^2		2.35		3.39		5.07	
湿周 P/m		4.25		5.05		6.45	
水利半径 R/m		0.5519		0.6609		0.7866	
$R^{2/3}$		0.6728		0.7587		0.8521	
i	$i^{1/2}$	v /(m/s)	Q /(m³/s)	v /(m/s)	Q /(m³/s)	v /(m/s)	Q /(m³/s)
1/200	0.071	3.1716	7.4415	3.5765	11.9395	4.0168	20.3824
1/300	0.058	2.5898	6.0765	2.9205	9.7495	3.2800	16.6438
1/400	0.050	2.2427	5.2620	2.5290	8.4426	2.8403	14.4127
1/500	0.045	2.0058	4.7063	2.2619	7.5510	2.5404	12.8907
1/600	0.041	1.8309	4.2959	2.0647	6.8925	2.3188	11.7665
1/700	0.038	1.6955	3.9780	1.9119	6.3826	2.1473	10.8960
1/800	0.035	1.5860	3.7213	1.7885	5.9706	2.0087	10.1927
1/900	0.033	1.4950	3.5076	1.6858	5.6278	1.8934	9.6075
1/1000	0.032	1.4183	3.3277	1.5993	5.3391	1.7962	9.1146
1/1200	0.029	1.2949	3.0383	1.4602	4.8747	1.6400	8.3219
1/1400	0.027	1.1989	2.8130	1.3520	4.5134	1.5184	7.7050
1/1600	0.025	1.1213	2.6310	1.2645	4.2213	1.4202	7.2064
1/1800	0.024	1.0572	2.4805	1.1922	3.9798	1.3389	6.7941
1/2000	0.022	1.0029	2.3532	1.1310	3.7755	1.2702	6.4454
1/2500	0.020	0.8971	2.1048	1.0116	3.3370	1.1361	5.7651
1/3000	0.018	0.8190	1.9217	0.9236	3.0832	1.0373	5.2635
1/3500	0.017	0.7580	1.7785	0.8548	2.8536	0.9600	4.7815
1/4000	0.016	0.7091	1.6638	0.7997	2.6695	0.8981	4.5573
1/4500	0.015	0.6688	1.5691	0.7541	2.5176	0.8470	4.2979
1/5000	0.014	0.6342	1.4881	0.7152	2.3876	0.8032	4.0759

渠高/mm		1800					
		最小渠宽		标准渠宽		最大渠宽	
过水断面图/mm		1900；1400，400		3100；1400，400		4700；1400，400	
全断面面积 A_0/m^2		3.41		5.57		8.45	
过水断面面积 A/m^2		2.65		4.33		6.57	
湿周 P/m		4.57		5.77		7.37	
水利半径 R/m		0.5798		0.7503		0.8913	
$R^{2/3}$		0.6953		0.8257		0.9262	
i	$i^{1/2}$	v /(m/s)	Q /(m³/s)	v /(m/s)	Q /(m³/s)	v /(m/s)	Q /(m³/s)
1/200	0.071	3.2776	8.6867	3.8923	16.8550	4.3661	28.6866
1/300	0.058	2.6764	7.0934	3.1784	13.7634	3.5653	23.4248
1/400	0.050	2.3177	6.1425	2.7523	11.9184	3.0873	20.2847
1/500	0.045	2.0729	5.4939	2.4617	10.6598	2.7613	18.1426
1/600	0.041	1.8921	5.0147	2.2470	9.7302	2.5205	16.5604
1/700	0.038	1.7522	4.6437	2.0808	9.0103	2.3340	15.3352
1/800	0.035	1.6391	4.3440	1.9465	8.4287	2.1834	14.3453
1/900	0.033	1.5450	4.0946	1.8347	7.9448	2.0580	13.5218
1/1000	0.032	1.4657	3.8845	1.7406	7.5372	1.9524	12.8280
1/1200	0.029	1.3382	3.5467	1.5892	6.8817	1.7826	11.7124
1/1400	0.027	1.2390	3.2838	1.4714	6.3714	1.6505	10.8442
1/1600	0.025	1.1588	3.0713	1.3762	5.9592	1.5437	10.1424
1/1800	0.024	1.0925	2.8956	1.2974	5.6183	1.4554	9.5622
1/2000	0.022	1.0365	2.7469	1.2308	5.3299	1.3807	9.0713
1/2500	0.020	0.9271	2.4570	1.1009	4.7674	1.2349	8.1139
1/3000	0.018	0.8464	2.2432	1.0052	4.3526	1.1275	7.4080
1/3500	0.017	0.7834	2.0762	0.9303	4.0284	1.0435	6.8562
1/4000	0.016	0.7328	1.9423	0.8703	3.7686	0.9762	6.4140
1/4500	0.015	0.6911	1.8317	0.8207	3.5541	0.9206	6.0489
1/5000	0.014	0.6544	1.7371	0.7784	3.3705	0.8731	5.7365

注 Q 为流量，v 为流速，i 为渠道比降；n 为糙率系数，取 $n=0.015$。

附表 5

拼接式预制混凝土矩形渠流量计算表（2）

渠高/mm		2000						2200						2400						2600					
		最小渠宽		标准渠宽		最大渠宽		最小渠宽		标准渠宽		最大渠宽		最小渠宽		标准渠宽		最大渠宽		最小渠宽		标准渠宽		最大渠宽	
过水断面图/mm		2300, 440, 1560		3400, 440, 1560		5100, 440, 1560		1900, 490, 1710		3700, 490, 1710		5600, 490, 1710		2300, 530, 1870		4100, 530, 1870		6200, 530, 1870		2300, 580, 2020		4500, 580, 2020		6800, 580, 2020	
全断面面积 A_0/m^2		4.59		6.79		10.19		4.1703		8.1303		12.3103		5.5103		9.8303		14.8703		5.9703		11.6903		17.6703	
过水断面面积 A/m^2		3.58		5.29		7.95		3.2393		6.3173		9.5663		4.2913		7.6573		11.5843		4.6363		9.0803		13.7263	
湿周 P/m		5.29		6.39		8.09		5.1912		6.9912		8.8912		5.9112		7.7112		9.8112		6.2112		8.4112		10.7112	
水利半径 R/m		0.6763		0.8284		0.9821		0.6240		0.9036		1.0759		0.7260		0.9930		1.1807		0.7464		1.0795		1.2815	
$R^{2/3}$		0.7705		0.8820		0.9880		0.7302		0.9347		1.0500		0.8077		0.9953		1.1171		0.8229		1.0523		1.1798	
i	$i^{1/2}$	v /(m/s)	Q /(m^3/s)	v /(m/s)	Q /(m^3/s)	v /(m/s)	Q /(m^3/s)	v /(m/s)	Q /(m^3/s)	v /(m/s)	Q /(m^3/s)	v /(m/s)	Q /(m^3/s)	v /(m/s)	Q /(m^3/s)	v /(m/s)	Q /(m^3/s)	v /(m/s)	Q /(m^3/s)	v /(m/s)	Q /(m^3/s)	v /(m/s)	Q /(m^3/s)	v /(m/s)	Q /(m^3/s)
1/200	0.071	3.6321	12.9969	4.1577	22.0124	4.6574	37.0094	3.4422	11.1502	4.4062	27.8351	4.9497	47.3503	3.8075	16.3391	4.6918	35.9629	5.2660	61.0030	3.8792	17.9849	4.9605	45.0432	5.5616	76.3399
1/300	0.058	2.9659	10.6129	3.3951	17.9747	3.8031	30.2209	2.8108	9.1050	3.5980	22.7297	4.0418	38.6651	3.1091	13.3421	3.8312	29.3370	4.3001	49.8135	3.1676	14.6860	4.0507	36.7811	4.5414	62.3372
1/400	0.050	2.5683	9.1903	2.9400	15.5652	3.2933	26.1698	2.4340	7.8845	3.1157	19.6826	3.5000	33.4821	2.6923	11.5536	3.3177	25.4044	3.7237	43.1361	2.7430	12.7174	3.5007	31.8507	3.9327	53.9810
1/500	0.045	2.2971	8.2198	2.6295	13.9216	2.9456	23.4063	2.1770	7.0519	2.7867	17.6041	3.1304	29.9463	2.4080	10.3335	2.9673	22.7217	3.3304	38.5809	2.4533	11.3744	3.1378	28.4872	3.5174	48.2806
1/600	0.041	2.0968	7.5029	2.4002	12.7075	2.6887	21.3650	1.9871	6.4369	2.5436	16.0689	2.8574	27.3347	2.1980	9.4324	2.7085	20.7401	3.0400	35.2163	2.2394	10.3825	2.8637	26.0029	3.2106	44.0701
1/700	0.038	1.9417	6.9478	2.2226	11.7673	2.4898	19.7844	1.8401	5.9606	2.3554	14.8800	2.6460	25.3104	2.0354	8.7345	2.5082	19.2057	2.8151	32.6109	2.0737	9.6143	2.6518	24.0791	2.9731	40.8096
1/800	0.035	1.8163	6.4994	2.0792	11.0077	2.3290	18.5073	1.7213	5.5759	2.2034	13.9195	2.4752	23.6785	1.9040	8.1707	2.3463	17.9660	2.6334	30.5058	1.9398	8.9937	2.4806	22.5248	2.7812	38.1753
1/900	0.033	1.7121	6.1262	1.9598	10.3758	2.1953	17.4448	1.6225	5.2558	2.0769	13.1204	2.3331	22.3191	1.7947	7.7016	2.2116	16.9346	2.4822	28.7545	1.8285	8.4774	2.3382	21.2317	2.6215	35.9837
1/1000	0.032	1.6242	5.8119	1.8593	9.8435	2.0827	16.5498	1.5393	4.9861	1.9703	12.4473	2.2134	21.1740	1.7026	7.3065	2.0981	16.0657	2.3548	27.2793	1.7347	8.0425	2.2182	20.1424	2.4870	34.1376
1/1200	0.029	1.4830	5.3065	1.6976	8.9874	1.9016	15.1105	1.4054	4.5525	1.7990	11.3647	2.0209	19.3325	1.5546	6.6711	1.1956	14.6685	2.1500	24.9068	1.5838	7.3430	2.0253	18.3906	2.2707	31.1686
1/1400	0.027	1.3730	4.9131	1.5717	8.3212	1.7606	13.9904	1.3012	4.2150	1.6656	10.5223	1.8711	17.8995	1.4393	6.1766	1.7736	13.5812	1.9907	23.0605	1.4664	6.7987	1.8752	17.0274	2.1024	28.8582
1/1600	0.025	1.2842	4.5951	1.4700	7.7826	1.6467	13.0849	1.2170	3.9422	1.5578	9.8413	1.7500	16.7410	1.3462	5.7768	1.6588	12.7022	1.8618	21.5680	1.3715	6.3587	1.7538	15.9253	1.9663	26.9905
1/1800	0.024	1.2107	4.3323	1.3859	7.3375	1.5525	12.3365	1.1474	3.7167	1.4687	9.2784	1.6499	15.7834	1.2692	5.4464	1.5639	11.9756	1.7553	20.3343	1.2931	5.9950	1.6535	15.0144	1.8539	25.4466
1/2000	0.022	1.1486	4.1099	1.3148	6.9608	1.4728	11.7031	1.0885	3.5259	1.3933	8.0221	1.5652	14.9732	1.2040	5.1668	1.4837	11.3608	1.6652	19.2905	1.2267	5.6872	1.5686	14.2436	1.7587	24.1403
1/2500	0.020	1.0273	3.6761	1.1760	6.2261	1.3173	10.4679	0.9736	3.1538	1.2463	7.8730	1.4000	13.3928	1.0769	4.6214	1.3271	10.1617	1.4895	17.2544	1.0972	5.0869	1.4031	12.7403	1.5731	21.5924
1/3000	0.018	0.9380	3.3563	1.0737	5.6844	1.2027	9.5572	0.8889	2.8749	1.1378	7.1881	1.2782	12.2276	0.9832	4.2194	1.2116	9.2777	1.3599	15.7533	1.0017	4.6444	1.2810	11.6319	1.4362	19.7138
1/3500	0.017	0.8681	3.1063	0.9937	5.2611	1.1131	8.8454	0.8227	2.6649	1.0531	6.6527	1.1830	11.3169	0.9100	3.9051	1.1214	8.5867	1.2586	14.5800	0.9271	4.2985	1.1856	10.7655	1.3292	18.2456
1/4000	0.016	0.8121	2.9060	0.9296	4.9217	1.0414	8.2749	0.7696	2.4931	0.9852	6.2236	1.1067	10.5870	0.8513	3.6533	1.0490	8.0329	1.1774	13.6396	0.8673	4.0212	1.1091	10.0712	1.2435	17.0688
1/4500	0.015	0.7659	2.7405	0.8767	4.6416	0.9821	7.8038	0.7258	2.3511	0.9291	5.8694	1.0437	9.9843	0.8029	3.4453	0.9893	7.5756	1.1194	12.8632	0.8180	3.7923	1.0460	9.4979	1.1727	16.0971
1/5000	0.014	0.7263	2.5990	0.8314	4.4019	0.9314	7.4008	0.6883	2.2297	0.8811	5.5662	0.9898	9.4687	0.7614	3.2674	0.9382	7.1844	1.0531	12.1989	0.7757	3.5965	0.9920	9.0074	1.1122	15.2658

注 Q 为流量，v 为流速，i 为渠道比降；n 为糙率系数，取 $n=0.015$。